の川

リチャード・ドーキンス

垂水雄二＝訳

草思社文庫

目次

オクスフォード、セント・ジョーンズ・カレッジの評議員、
事物を解明する能力に秀でた、
ヘンリー・コリアー・ドーキンス（1921–1992）を偲んで。

また一つの川がエデンから流れ出て園を潤した。『創世記』（2・10）

まえがき

自然、それはゲームの通り名か。
何十億、何千億、何万億もの粒子が
あちらこちらで、彼方こなたで、ぶつかりあう
無限につづくビリヤード・ゲーム。

ピート・ハイン

ピート・ハインが描いているのは古典的な意味での原初の物理的世界だ。しかし、原子のビリヤードの玉が何かのはずみに、一見どうということもなさそうなある特性をもつ物体をつくりだすとき、宇宙にはきわめて重大な変化が起こる。その特性とは自己複製の能力である。つまり、その物体は自己を取り巻く物質を利用して、自らとそっくりな複製をつくることができるのだが、それにはコピーするときに起こりがち

な些細な欠陥の写しまでも含まれるのである。宇宙のどこにせよ、この類いまれな出来事のあとにつづくのが、ダーウィンの言う自然淘汰（自然選択）であり、それによってこの惑星に、生命と呼ばれるおどろおどろしい狂騒劇が生じる。これほど多くの事実がこれほどわずかな仮定で説明されたことはいまだかつてなかった。ダーウィンの理論はこのうえないほどの説得力をもっているだけではない。この説明のむだのなさには、引き締まった優雅さ、世界中の創世神話のなかでも最も忘れがたいものにもまさる詩的な美しさが備わっている。私が本書を執筆する目的の一つは、ダーウィンの生命観に関する現代のわれわれの理解が、霊的といっていいほどすばらしいものであることを認識してもらうことである。ミトコンドリアのイヴ（エヴァ）には、その名の由来となった神話の主人公以上に詩的な雰囲気がある。

デイヴィッド・ヒュームによれば、「いやしくもそれについて思いをめぐらしたことのある人びとならうっとりとし、感激する」もののきわみである生命の特質は、複雑な細部にあり、それによって、生命のメカニズム――チャールズ・ダーウィンが「完全さと複雑さの極致に達した器官」と呼んだメカニズム――は、明白な目的を達成するのである。ほかに、われわれに感銘を与える生命の特質は、あふれるばかりの多様性である。生物の種数から推計すると、何千万もの多様な生存の仕方があることになる。私のもう一つの目的は「生存の仕方」が「DNA暗号で書かれたテキストを未来に伝える仕方」と同義であることを読者に納得のいくように説き明かすことである。私のいう「川」とは、地質学的な時間を流れながら分岐していくDNAの川であり、個々の種の遺伝子によるゲームを閉じこめている険しい川の土手という比喩は、説明のための工夫としては驚くほど説得力に富み、便利である。

とにかく、私のこれまでの著書はすべて、ひたすらダーウィンの原理がもつ無限といえるほどの力――原始の自己複製の結果が発現するだけの時間があればいつ、どこでも放出される力――を探求して、くわしく説明しようとするものだった。本書『遺伝子の川』も、この使命に沿うとともに、それまではささやかだった原子のビリヤード・ゲームに複製という現象が注ぎこまれたとき、その結果として起こる間接的な影響の物語を地球大気圏外で起こるクライマックスまで導こうというものである。

本書の執筆中、マイケル・バーケット、ジョン・ブロックマン、スティーヴ・デーヴィーズ、ダニエル・デネット、ジョン・クレブズ、サラ・リピンコット、ジェリー・ライアンズ、そしてとくに妻のララ・ウォードから、さまざまなかたちで援助や助言、建設的な批判をいただいた。すでにほかのところに掲載された記事に手を加えて取り入れた部分もいくらかある。1章のデジタル・コードとアナログ・コードに関する部分は、一九九四年六月十一日付の『スペクテイター』紙に掲載された。3章のダン・ニールソンとスザンヌ・ペルガーの眼の進化に関する研究については、一九九四年四月二十一日発行の『ネイチャー』誌の記事から一部を引用している。関係する記事を使わせてくれた編集者たちのご好意を多としたい。最後に、サイエンス・マスターズ・シリーズへの参加を奨めてくれたジョン・ブロックマンとアンソニー・チータムに心から感謝する。

一九九四年、オクスフォードにて

1　デジタルの川

どんな民族にも自らの祖先にまつわる叙事詩的な伝説があり、しばしばそういった伝説は宗教的礼賛という形をとるようになる。人びとは祖先を敬い、崇拝さえする。生命を理解する鍵となるのは自分たちの実在の祖先であって、超自然的な神々ではない以上、それも言わば当然なことであろう。生まれるすべての生物のほとんどは、十分な発育をみないうちに死んでしまう。生き残って繁殖する少数のうち、なお子孫を一〇〇〇世代ののちまで生かせるものは、さらに少数である。この少数者のなかのごく少数者、祖先のエリートのみが将来の世代から祖先とよばれる資格をもつ。祖先は希少な存在であり、子孫はありふれた存在なのである。

生きとし生けるものすべて——あらゆる動物や植物、すべての細菌とすべての菌類、地上を這いまわるありとあらゆる生きもの、そして本書を読むすべての読者——は、祖先たちを振り返って、誇らしげにこう主張できるのである。われわれの祖先に幼くして死んだものはまったくない。彼らはみな成熟し、そのどれもが少なくとも一回は異性の相手をみつけ、交尾に成功したのだ。＊われわれの祖先は残らず、少なくとも一人の子供を世に送り出す前に、敵やウイルスに倒されたり、断崖で足を踏み外したりすることがなかった。同時代に生きていたほかの多数の個体がこうした点で失敗したのに、われわれの祖先はただの一人もそのどれにもつまずくことがなかった、と。このような申し立ては、まぎれもなく明白だが、そこからはもっといろんなことが引き出される。奇妙で思いがけないようなこと、解明に役立つこと、そして驚くべきことがどっさりと。

すべての生物がすべての遺伝子を、祖先と同世代で失敗した者からではなく、子孫を残した祖先から受けついでいる以上、あらゆる生物は成功する遺伝子をもつ傾向がある。彼らは祖先になるのに必要なもの、つまり生き残って繁殖するのに必要なものをもっていることになる。だからこそ、生物が受け継ぐ遺伝子はおおむね、うまく設計された機械——まるで祖先になるために奮励努力しているかのごとく活発に働く身体——をつくりあげる性質をもっている。だからこそ、鳥はあれほど上手に飛び、魚はいかにもすいすいと泳ぎ、猿は木登りがとても得意で、ウイルスは広がるのがうまいのだ。われわれが人生を愛し、セックスを好み、子供を可愛がるのも、それゆえである。それはわれわれすべてがただ一人の例外もなく、成功した先祖から途切れることなしに受け継がれてきたすべての遺伝子をもっているからにほかならない。世界は祖先になるのに必要な資質をもった生物でいっぱいになる。一言でいうと、それがダーウィン主義なのである。もちろん、ダーウィンはもっとはるかに多くのことを言っているし、今日ではさらに多くのことがいえる。本書がここで終わりにならないのもそのためである。

とはいえ、いま述べた一節には、無理からぬとはいえきわめて有害な誤解を招く余地がある。祖先が成功したのであれば、彼らが子孫に受け渡した遺伝子は、結果として祖先が自分の親から受け継いだ遺伝子に比べてよりすぐれたものになっていると考えたくなる。成功にかかわった何かが彼らの遺伝子に影響を与えたからこそ、その子孫たちはあれほどに飛翔や水泳、求愛が上手なのだ、と。これは間違い、大間違いで

＊　厳密に言えば例外はある。動物のなかにはアブラムシのように無性的に繁殖をするものがいる。また、現代のヒトは人工授精といった技術によって、性交をしないで子供を産むことができるようになったし、さらには――女性の胎児から卵を取り出して試験管で受精させることもできるために、成人に達する必要もなくなっている。だからといって、この論点の説得力が弱まるわけではなく、ほとんどの場合について成り立つ。

ある！　遺伝子は使うことで改善されるものではない。それらはただ伝えられるだけで、ごくまれな偶然のエラーを別とすれば、まったく変わらないのだ。成功がすぐれた遺伝子をつくるのではない。すぐれた遺伝子が成功するのであって、個体が生きているあいだに何をしようと、それは遺伝子に何の影響も与えない。すぐれた遺伝子をもって生まれてきた個体は、大人になって首尾よく祖先になる可能性がきわめて高い。したがって、すぐれた遺伝子は劣った遺伝子よりも後代に伝えられる可能性は高くなる。各世代はフィルターであり、篩なのである。すぐれた遺伝子は篩の目から次の世代へと落ちてゆく。劣った遺伝子は若死するか、繁殖しないで死ぬ身体のなかで終わりを迎える。劣った遺伝子も一世代か二世代ぐらいは篩を通り抜ける可能性があるが、それはおそらくたまたま運に恵まれて、すぐれた遺伝子と同じ身体を共有したからである。ところが、一〇〇〇世代もの篩を一つまた一つとつづけざまに通り抜けていくには、運以上のものがなくてはならない。一〇〇〇世代にもわたってうまく通り抜けつづけた遺伝子は、たぶんすぐれた遺伝子だろう。

私はさきほど何世代も生き延びる遺伝子は祖先になることに成功してきた遺伝子だろうと述べた。それは真実ではあるが、一つ明らかな例外があって、混乱をきたさないように、まずその点をはっきりさせておきたい。個体のなかには間違いなく不妊でいながら、自分たちの遺伝子を将来の世代に伝えるのを手伝うようにつくられているらしく見えるものがある。アリやハチやシロアリのワーカー（働き蟻・働き蜂）たちは不妊である。彼らは自分が祖先になるためではなく、普通は姉妹や兄弟といった近縁で繁殖力のあるものを祖先にするために働く。ここで理解しておかなければならないことが二つある。第一に、どんな種類の動物でも姉妹や兄弟は同一遺伝子のコピーを共有する確率が高いこと、第二に、たとえば個々のシロアリが繁殖個体になるか不妊のワーカーになるかを決定するのは環境であって遺伝子ではないということである。すべてのシロアリは、ある環境条件によっては不妊のワーカーに、また別の環境条件によっては繁殖個体になりうる遺伝子をもっている。繁殖個体は不妊のワーカーの世話を受けながら、不妊のワーカーと同じ遺伝子のコピーを子孫に伝えるのだ。逆に言うと、不妊のワーカーたちは遺伝子の影響を受けてせっせと働くが、その遺伝子のコピーが繁殖個体の体内におさまっているのである。ワーカーがもつこの遺伝子のコピーは、繁殖個体がもつ自らのコピーが世代の篩を通り抜けるのを助けようし努力しているのである。シロアリのワーカーは雌雄ともありうるが、アリやハチ、スズメバチの場合、ワーカーはすべて雌である。しかし、それ以外の点では原理はまったく同じだ。彼らほど顕著ではないにしても、この原理はある程度まで姉や兄たちが幼いものの世話をする〔ヘルパーと呼ばれる〕数種の鳥や哺乳類をはじめとするほかの動物たちにもあてはまる。要するに、遺伝子は自らの宿る体が祖先になるのを手助けするだけでなく、近縁者の体が祖先になるのを手伝うことによって、世代の篩を通り抜けおおせることができるのである。

この本の表題でいう「川」はＤＮＡの川であり、空間ではなく時間を流れる。それは骨や組織の川ではなく情報の川である。体をつくるための抽象的な指令の川であって、体そのものの川ではない。情報は体を通り抜けながら体に影響をおよぼすが、その際に体から影響を受けることはない。この川は流れていくあいだに成功した体の経験や業績の影響を受けないだけではない。見たところ、この川の汚染源としてはるかに強い可能性をもつと思われる性の影響すら受けないのである。

あなたの細胞の一つ一つのなかで、母親の遺伝子の半分が父親の遺伝子の半分と肩を擦りあわせている。母親の遺伝子と父親の遺伝子がたがいにきわめて親密に共謀しあって、あなたという微妙で分かちがたい混合体をつくりあげているのである。だが、遺伝子そのものはまじりあうことはない。混じりあうのは遺伝子の影響だけである。遺伝子そのものは、非常に堅固な完全さを保っている。一つ一つの遺伝子は、次の世代へ移動する時がくると、特定の子供の体内に入っていくか、入っていかないかのいずれかだ。父親の遺伝子と母親の遺伝子がまじりあうことはなく、それぞれ独立に組み換えられる。あなたのなかの特定の遺伝子は母親から伝わったか父親から伝わったかのどちらかである。それはまた、あなたの四人の祖父母の一人から、ただ一人から伝わったものであり、八人の曾祖父母の一人から、ただ一人だけから伝わったもの、というぐあいに祖先へとさかのぼっていく。

私は遺伝子の川について語ってきた。だが、われわれは地質学的な時間を行進していく一団のよき仲間について、同じように語ることもできただろう。一つの繁殖集団のすべての遺伝子は、長い目でみると、おたがいに仲間である。短期的に見ると、それらは各個体の体内にあって、その体を共有するほかの遺伝子と一時的により密接な仲間となっている。遺伝子が時代を越えて生き延びるためには、その種が選んだ特定の生き方にそった生活と繁殖にすぐれた体をうまくつくることができなければならない。だが、それだけではまだ十分ではない。うまく生き延びるためには、遺伝子は同じ種――同じ川――のほかの遺伝子とうまく協力できなくてはならない。長期的に生き延びるためには、遺伝子はよき仲間でなくてはならないのだ。同じ川のほかの遺伝子とのつきあいがよく、あるいはそれらの遺伝子を背景にしてうまくやっていけなくてはならない。別の種の遺伝子は異なる川のなかにいる。それらの遺伝子とは、少なくとも同じような意味ではうまくつきあう必要はない――なぜなら、同じ体を共有するわけではないからである。

種というものを定義づける特徴は、一つの種に属するすべての個体のもつ遺伝子が同じ川を流れており、一つの種のすべての遺伝子はたがいによき仲間になる用意がなければならないということである。すでにあった一つの種が二つに分かれると、新しい種が生まれる。遺伝子の川は時間がたてば分岐していく。遺伝子の観点からすると、種分化、すなわち新しい種の誕生は「永遠の別れ」なのである。短時間の不完全な分離のあと、二つの川は永遠に袂を分かって流れてゆくか、さもなくば、どちらか一方が干上がって涸れてしまう。どちらの川も、両岸の土手に守られており、水は有性生殖における遺伝子の組換えによって何度も何度もまじりあってゆく。しかし、川の水が土手まで跳ねとんでもう一方の川を汚染することはない。種が分かれたあとは、二組の遺伝子のセットはもはや仲間ではなくなるのだ。もはや同じ体のなかで出会うこともないし、たがいにうまくつきあっていく必要もなくなる。両者のあいだにはもはや交わりはない。ここで言う交わりは、文字通りの性交、彼らの一時的な乗り物（ヴィークル）である体の、性的な交わりのことである。

なぜ二つの種は分かれるのだろう？　彼らの遺伝子の永遠の別れは何がきっかけな

のだろうか？　川が二つに分かれ、二つの流れが別々に流れて二度と合うことがないというような事態を何が引き起こすのだろうか？　細部については議論があるが、最も重要な要因が偶発的な地理的隔離であることを疑うものはない。遺伝子の川は時のなかを流れるのだが、遺伝子の物理的な再編成は体のなかで行なわれるのだし、体は空間の中で一定の位置を占める。北アメリカのハイイロリスとイングランドのハイイロリスは、両者が出会うことさえあれば、子孫をつくることができるだろう。ただ、出会うことはまずありえない。北アメリカのハイイロリスの遺伝子の川は二〇〇〇マイルの大洋によって、イングランドのハイイロリスの遺伝子の川と実質的に引き裂かれている。もはや二つの遺伝子のセットは、実際には仲間ではなくなっている。もっとも、機会さえあれば、両者はよき仲間として行動することがおそらくまだできるだろう。別れを告げたのだが、それはいまのところ取り返しのつかない別れではない。だが、もう数千年も別離がつづけば、二つの川ははるか遠く離れ離れに隔たり、個々のリスが出会ってももはや遺伝子をやりとりすることができなくなっているだろう。ここで「離れ離れに隔たり」という言葉は空間的な意味ではなく、生殖上の和合性が失われるという意味である。

もっと以前に起こったハイイロリスとアカリスの分離の背後には、これに似た事情があるのはほぼ間違いない。彼らは交雑できなくなっている。彼らは地理的にはヨーロッパに部分的に重なりあって生息しているし、出会うこともあり、おそらくはときどき木の実を争ってたがいに対決することもあると思われるが、交尾しても繁殖力のある子を産むことはできない。彼らの遺伝子の川はあまりにも遠く離れ離れに隔たってしまったのであり、とりもなおさず彼らの遺伝子はもはや同じ体のなかで協力するには適さなくなっているのである。何世代も昔には、ハイイロリスの祖先とアカリスの祖先はまったく同一の個体であった。しかし、彼らは地理的に――おそらくは山脈によって、そしておそらくは河川によって、最後には大西洋によって――隔離されてしまった。そして、彼らの遺伝子のセットは離れ離れに育っていった。地理的な隔離は和合性の欠如をもたらし、よき仲間だったのが相性のよくない仲間になってしまった（あるいは、試しに見合いさせると、相性のわるい相手だということがわかるだろう）。相性が悪くなった仲間は、さらにその傾向を強め、ついにはまったく仲間ではなくなってしまった。彼らは永遠の別れを告げたのだ。二つの川は離れてしまい、これからはますます遠ざかる宿命にある。はるか以前の別れ、たとえばわれわれの祖先とゾウの祖先の別れの根底にも、同じような物語がある。あるいはダチョウの祖先（それはわれわれの祖先でもあった）とサソリの祖先のあいだも同じである。

いまやＤＮＡの川の流れの数は、おそらく三〇〇〇万にのぼるだろう。なぜなら、地球上の生物の種の数がそれくらいだと推定されるからである。また、現存する種の数は、かつて生存した種の数の約一パーセントと推定されている。そうだとすると、ＤＮＡの川には総計ざっと三〇億の流れがあったことになる。今日の三〇〇〇万の流れは元に戻すすべもないほど離れていて、その多くはやがて消えてゆく運命にある。というのも、ほとんどの種が絶滅するからだ。三〇〇〇万の川（繁雑さを避けるため、これからは流れを川と呼ぶことにする）を過去にさかのぼっていけば、一つまた一つと川が合流していくのがわかるだろう。約七〇〇万年前のところで、ヒトの遺伝子の川はチンパンジーの遺伝子の川と一緒になるが、それはゴリラの遺伝子の川が合流するのとほぼ同じ時期である。さらに数百万年さかのぼると、われわれとこれらアフリカの類人猿が共有している川にオランウータンが加わる。さらにさかのぼると、ギボンの川——下流ではテナガザルやクロテナガザルの多くの種へと分かれてゆく川——に合流する。時間をさかのぼるにつれて、われわれの遺伝子の川に合流するいくつもの川は、下流にいくにしたがって旧世界ザルや新世界ザルやマダガスカルのキツネザルへと分岐するさだめにあるのだ。さらにさかのぼると、齧歯類やネコ、コウモリ、ゾウなど、ほかの哺乳類の大グループとつながる川と一緒になる。それより先では、さまざまな種類の爬虫類や鳥類、両生類、魚類、無脊椎動物などとつながる小川に出会うことになる。

ここで、川の比喩（メタファー）についてとくに注意しなければならない重要な点がある。あらゆる哺乳類の川の分岐点を考えるとき——たとえばハイイロリスにつながる川にひき比べて——とかくミシシッピー川とミズーリ川といった大河を想像したくなる。哺乳類の流れはいずれ分岐に分岐を繰り返してすべての哺乳類——ヒメトガリネズミからゾウにいたるまで、地下のモグラから樹冠にすむサルにいたるまで——をつくりだす宿命にある。哺乳類の川は何千という重要な主要水路のもとなのだから、とどろき流れる堂々とした奔流でないわけがあろうか？　だが、こうしたイメージは見当ちがいもはなはだしい。現代のすべての哺乳類の先祖がそれ以外の動物の先祖と別れるとき、その出来事はほかの分化と同様、大がかりなものではなかった。たとえそのころに博物学者が居あわせたとしても、その出来事は気づかれずに終わっただろう。分岐したばかりの川は水のしたたりのようなもので、そこに住む夜行性の小動物とその「いとこ」（後述するようにより広い意味での）にあたる非哺乳類とのちがいはほとんどなく、アカリスとハイイロリスのちがいと同じ程度のものだったろう。われわれが祖先の哺乳類を哺乳類だと見るのは、後世の観察結果にすぎないのだ。その当時には、それは単に哺乳類型爬虫類の種が一つ増えたにすぎず、恐竜に一口で食べられる一〇種あまりの鼻づらのとがった食虫動物とたいして変わるところがなかっただろう。

それより以前に、脊椎動物、軟体動物、甲殻類、昆虫、体節動物、扁形動物、クラゲなど、すべての主要な動物分類群の祖先が別れていったときにも、やはりドラマらしいものはなかったと思われる。いずれは軟体動物（およびその他）に通ずる川が、脊椎動物（およびその他）に通ずる川と分かれるとき、両者（おそらく蠕虫のような姿をしていた）の集団は非常によく似ていただろうし、たがいに交尾することも可能だったであろう。彼らがそうしなかった唯一の理由は、たぶん以前はつながっていた水域がたまたま乾いた陸地で分けられるといった、何らかの地理的な障壁によって離れ離れにされたことである。一方の集団が軟体動物を、もう一方が脊椎動物を次々と生んでいくなどとは、誰にも考えられなかっただろう。二本のＤＮＡの川は分かれたばかりで小さな流れにすぎず、二つのグループの動物たちはほとんど見分けがつかなかった。

動物学者はこうしたことを熟知しているのだが、軟体動物と脊椎動物のような本当に大きな動物群について考察しているようなとき、ふとそれを忘れることがある。彼らは大きなグループの分岐を重大な出来事と考えたくなる。動物学者がそのような考えちがいをしたくなる理由は、彼らが、動物界の大きな分岐の一つ一つに、何か非常に独特なもの――ドイツ語で「バウプラン（Bauplan）」と呼ばれるもの――が準備されているといった畏敬に近い信念の中で育てられてきたからである。この言葉は「青写真」という意味にすぎないが、それは専門用語として認められるようになってきており、私は英語の単語のように語形変化させることにする。もっとも、（発見していささかショックを受けたのだが）それはオクスフォード英語大辞典の最新版にもまだ入っていない（私は一部の同僚ほどその単語が好きなわけではないので、正直なところ、それが辞書に入っていないことで、「ぞくっとする（frisson）」ような「意地のわるい喜び（Schaden-freude）」をかすかに感じた。ちなみに、この二つの外来語はオクスフォード英語大辞典に載っており、したがって、言葉の輸入に対する組織だった嫌悪感があるというわけではない）。専門的な意味では、バウプランはしばしばファンダメンタル・ボディ・プラン（基本的体制）と訳される。「ファンダメンタル」という単語（つまり、気取ってドイツ語由来の言葉を使うことで知的な深みを出そうとしている点は同じ）が害をなしている。それがもとで動物学者たちはひどい間違いをおかすことになるのである。

たとえば、一人の動物学者は、カンブリア紀（約六億年から五億年前）の進化は、のちの進化とはまったく種類の異なる過程だったにちがいないと示唆している。その論拠は、現在の進化であらわれるのは新しい種であるのに、カンブリア紀には軟体動物とか甲殻類といった主要な分類群が出現しつつあったということだという。考え違いもはなはだしい！　軟体動物と甲殻類のようにおたがいに根本的に異なる生きものでも、もとは同じ種の地理的に隔離されただけの個体群同士だったのである。しばらくのあいだは、出会いさえすれば交雑もできただろう。だが、出会うことはなかった。何百万年にわたって別々に進化をとげたあとで、彼らは、現代の動物学者が後知恵によって、軟体動物や甲殻類と認識するような特徴を獲得したのである。こうした特徴には、もっともらしく「基本的体制」、すなわち「バウプラン」という大げさな称号がつけられている。だが、動物界の主要なバウプランは共通の起源から徐々に漸進的に分岐したのである。

実の話、進化がどの程度まで漸進的だったか、あるいは「飛躍的」だったかについてはさかんに論議されて、わずかながら意見の不一致がある。とはいえ、誰も、本当に誰一人として、進化が一足飛びにすべての新しいバウプランをつくりだしたほど飛躍的だったと考えてはいない。先に引用した動物学者が書いたのは、一九五八年だった。今日では、明確に彼の立場をしる動物学者はほとんどいないのだが、おりにふれてそれとなく彼の立場を取る学者はいる。そして、主要な動物群は偶発的な地理的隔離のあいだに祖先の個体群が分岐したのではなく、あたかもゼウスの頭からアテーナーが生まれたように自然発生的に、そして完全なかたちであらわれたかのごとく語るのである。*

いずれにせよ、分子生物学の研究によって、大きな動物群同士は以前考えられていたよりもはるかに近いことがわかった。遺伝暗号は辞書のように読めるもので、そのなかでは一つの言語の六四の単語（四つのアルファベットのうちの三つを組み合わせたトリプレットが六四個）が別の言語の二一の単語（二〇のアミノ酸と終止マーク）に対応する。同じ六四対二一という対応がもう一度起こる確率は、一〇の二四乗回に一度より少ない。それにもかかわらず、観察されるすべての動物、植物、細菌の遺伝暗号は、実際、文字通りに同一である。地上の生きものはたしかに唯一の祖先から出た子孫なのである。それに疑問をはさむ人はいないだろうが、いまや遺伝暗号そのものだけでなく遺伝情報の詳細な配列が調べられるようになって、たとえば昆虫と脊椎動物の驚くほど密接な類似が明らかになってきた。昆虫の体節構造には非常に複雑な遺伝的メカニズムが対応しているが、哺乳類にも恐ろしいほどこれとよく似た遺伝機構の部品が発見されているのである。分子的な観点からすると、すべての動物はたがいにかなり近い親戚であり、植物とさえも親戚なのだ。遠い「いとこ」を見つけたかったら、バクテリアを調べなければならないし、その場合でも遺伝暗号そのものはわれわれのそれとまったく同じである。そのような精確な計算が、バウプランの解剖学に基づいてではなく、遺伝暗号に基づくことで可能になる理由は、遺伝暗号が厳密にデジタルだからであり、デジタルなら正確に数えることができるからである。遺伝子の川はデジタルの川であり、私はここでこの工学用語が何を意味するかを説明しなくてはなるまい。

工学ではデジタル・コードとアナログ・コードの差異を重要視する。レコードプレーヤやテープレコーダ――そして最近までは電話の大半――は、アナログ・コードを使う。コンパクトディスク（CD）やコンピュータ、そして現代の電話システムのほとんどはデジタル・コードを使っている。アナログ式の電話システムでは、たえまなく波動する空気圧の波（音）が、電線のなかでそれと対応して変動する電位の波に変換される。レコードも同じような原理で動く。波状の溝によってレコード針が振動す

＊　スティーヴン・ジェイ・グールドの『ワンダフル・ライフ――バージェス頁岩と生物進化の物語』はカンブリア紀の動物相をみごとに解説したものだが、読者がこれを参照されるときには、これらの点に留意されるのがよいだろう。

ると、針の動きが対応する電位の変動に変換される。電線の向こう端では、こうした電位の波が、受話器のなかやレコードプレーヤのスピーカーのなかの振動膜によって、対応する空気圧の波に再変換されるので、われわれの耳に聞こえるのである。コードは単純で直接的である。電線のなかの電気的変動は、波動する空気の圧力に比例している。ある限度内でのすべての可能な電位の変化が電線を伝わり、その電位差が重要なのである。

デジタル式電話では、ある範囲内のわずか二つの電位——あるいは、八個とか二五六個などのような異なる電位——が電線を伝わる。情報は各電位そのものにあるのではなく、異なるレベルの電位が描くパターンにある。これはパルス符号変調と呼ばれている。いかなるときの実際上の電位も名目上の八つの電位のどれかとまったく等しいということはまれだろうが、受信装置はそれを四捨五入して指定された電位のうちで最も近いものにあてはめるので、たとえ電線による伝送の状態が悪くとも、電線の向こう端にあらわれる音は完璧に近くなる。するべきことといえば、不規則な波動が受信装置によって間違った電位と誤って解釈されることが絶対にないよう、なるべく離れた個別の電位をセットすることだけである。これはデジタル・コードの大きな長所であり、そのためにオーディオ装置やビデオ装置——さらには情報工学全般——がいっそうデジタル化されつつある。もちろん、コンピュータはすべての演算をデジタル・コードによって実行していく。便宜上、それは二進法コードであり、つまり二つの電位レベルがあるだけで、八個とか二五六個の電位があるわけではない。

デジタル式電話でも、送話器に入る音と受話器から出てゆく音はいぜんしてアナログの空気圧の変動である。変換機から変換機まで伝わる情報がデジタルなのである。アナログ量を一〇〇万分の一秒ごとに個別のパルスの配列に翻訳するためには、ある種の暗号――デジタル暗号数字――が設定されなければならない。たとえば、電話で恋人を口説くとき、あらゆるニュアンス、あらゆる声のつまらせかた、あらゆる情熱的な吐息、そして切々たる息づかいがまさに数字のかたちになって運ばれるのである。あなたは数字に感動させられ涙ぐまされることがあるのだ――それらが十分に速く符号化され再生されればの話だが。現代の電子開閉機構はきわめて速いので、回線の時間を細分することができる。どちらかというと、チェスの名人が自分の時間を細かく使い分けて二〇面打ちをこなしていくようなものだ。この方法によって、何千もの会話が同一回線に、一見同時的だが、実は電子的に細分されて、混線もなく投入される。データ中継幹線――今日その多くは電線ではなく電波ビームで、丘の頂上から丘の頂上へ直接移送されるか、あるいは人工衛星で中継される――は、一本の膨大なデジタルの川なのである。だが、電子的に精妙に細分されているために、それは実は何千本ものデジタルの川の集まりであり、同じ木に住みながら、決して遺伝子をやりとりすることのないアカリスとハイイロリスと同じように、ごく表面的な意味でのみ同じ川の土手を共有しているだけなのである。

エンジニアの世界をふりかえって見ると、彼らにとってアナログ信号の欠陥は、繰り返しコピーがなされないかぎりさほど問題ではなかった。録音テープのヒス（高音域の雑音）はごくわずかで、ほとんど気づかない。ただ、音を増幅するとヒスも増幅され、新しい雑音まで入ってくるのは避けられなかった。ところが、テープのコピーを取り、さらにコピーのコピーのコピーを取り、という操作を繰り返してゆくと、一〇〇代目を過ぎるころには、残るのはひどいヒスだけという状態になるだろう。電話がアナログ式だった時代には、これに似たことが問題だった。どんな電話信号も長距離回線では力が弱まってしまい、ほぼ一〇〇マイルごとに高める――増幅する――必要があった。アナログ時代にはこれが悩みの種だった。なぜなら、増幅するたびごとに、バックグラウンドの雑音の割合が高まるからだ。デジタル信号も増幅の必要はある。だが、すでに見てきたような理由によって、増幅してもエラーを生じない。あいだにいくら多くのブースター局が介在しても、情報が完全に伝えられるように、事態を調整することができる。何百何千マイルという距離でもヒスが増えることはないのである。

幼いころに、私は母から人間の神経細胞が体の電話線なのだと教えられた。だが、それらはアナログ式だろうか、それともデジタル式なのだろうか？　その答えは、奇妙にそれらが入り混じったもの、ということになる。神経細胞は電線には似ていない。それは細長い管で、その管を化学変化の波動が伝わってゆく。地面の上でシューシューと音をたてる導火線のようだが、導火線とはちがって、神経細胞はまもなく元の状態に戻り、少し休息したあとまたシューシューと動きはじめる。振幅の最大値――火薬の温度――は神経を走るあいだに変動するかもしれないが、これは関係ない。コードはそれを無視する。化学的パルスがそこにあるか、あるいはないかのいずれかであって、デジタル式電話の異なる二つの電位と同じことである。この程度に神経系はデジタルなのである。だが、神経インパルスはむりやりバイト、つまり二進法数字の集まりへとまとめられることはない。それらが集まって個別の暗号数字になることもない。そのかわりに、メッセージの強さ（音の強さ、光の明度、たぶん感情的な苦しみまでも）がインパルスの速度として記号化される。これはエンジニアたちにパルス周波数変調として知られており、パルス符号変調が採用されるまでは彼らに重宝がられていた。

パルス速度はアナログ的数量だが、パルスそのものはデジタルである。それらはそこにあるかないかのいずれかであって、中間というものがない。そして、神経系がこれから得る恩恵は、ほかのデジタル・システムが受けているものと同じである。神経細胞の働く仕組みのために、増幅器と同じものが、一〇〇〇マイルごとではなく、一ミリメートルごとに——脊髄から指先までに八〇〇個のブースター局が——ある。もし神経インパルスの絶対エネルギー量——火薬の衝撃波の強さ——が問題ならば、メッセージはキリンの首はもちろん、ヒトの腕の長さを伝わるあいだに、認識できないほど歪められてしまうだろう。増幅されるたびごとに、各段階で偶発的なエラーが入ってくるだろう。それはちょうどテープレコーダのテープからテープへと八〇〇回もダビングしたときに起こるのと同じだし、あるいはゼロックスで複写したものをまたゼロックスにかけるのと同じだと言ってもよい。八〇〇「世代」もの複写を重ねたあとでは、ぼやけた灰色が残るのみである。デジタル・コードは神経細胞が克服すべき問題の唯一の解決策となるもので、自然淘汰はきちんとそれを採用したのだ。遺伝子についてもそれはあてはまることである。

遺伝子の分子構造を解明したフランシス・クリックとジェームズ・ワトソンは、思うにアリストテレスやプラトンと同じように何世紀にもわたって尊敬されてしかるべきである。彼らがノーベル賞の「生理学・医学」賞を受賞したのはまさに妥当だと言えるが、そのこと自体は大騒ぎするにあたらない。たえまない変革という言葉の矛盾になりそうだが、一九五三年にこの二人の若者が口火をきった考えかたの変化の直接的な結果として、医学ばかりでなく、生命にたいするわれわれの理解のしかたのすべてが、何度も繰り返し変革させられつづけることになるだろう。遺伝子そのものや遺伝的な疾病の理解は氷山の一角にすぎない。ワトソンとクリック以後の分子生物学で真に革命的なのは、それがデジタル化したことである。

ワトソンとクリック以後、われわれは遺伝子そのものが微小な内部構造に関するかぎり、純粋にデジタルな情報の細長い連鎖をなしていることを知っている。さらには、そのデジタル度はコンピュータやコンパクトディスク並みに完全で強力であり、神経系のように弱いものではない。遺伝暗号はコンピュータのような二進法暗号でもないし、一部の電話方式のように八個の電位レベルの暗号でもなく、四個の記号をもつ四進法暗号である。遺伝子の機械語は奇妙なほどコンピュータ言語と似ている。専門用語を別にすると、分子生物学の学術誌のページはコンピュータ・エンジニアリングのそれと置き換えることもできそうなほどだ。さまざまな多くの影響のなかでも、生命の核心そのもののデジタル革命は、生気論——生命のある物質は生命のない物質とはきわだって異なるという信念——にたいする致命的な決定打となった。一九五三年まではまだ、生きている原形質には何か根本的でそれ以上分割できない神秘的なものがあると信ずることが可能だった。もはやそれは不可能になった。機械論的な生命観に傾きがちだった哲学者たちでさえ、まさか彼らの最も無謀な夢がこれほどあますところなく実現されるとは思わなかっただろう。

次のようなサイエンス・フィクションのあらすじも、もし今日より少しスピードアップされたテクノロジーがあれば、実現可能である。ジム・クリクソン教授は邪悪な外国勢力に誘拐され、生物戦争研究所で研究を強いられる。文明を救うためには、博士が最高機密情報を外界に伝えることがどうしても必要なのだが、通常の伝達手段は一切使わせてもらえない。ただ一つを除いて。DNA暗号は三つの塩基からなる「コドン」六四個からなっていて、英語の活字箱に入っている大文字と小文字のアルファベットに数字、スペース文字とピリオドのかわりに使うことができる。クリクソン教授は研究室の棚から悪性インフルエンザのウイルスを取り出し、自分の外界へのメッセージの本文を完全な英語の文章でそのゲノムに組み込む。教授は組み込まれたゲノムのなかに、それとわかるように「目印の」配列——たとえば最初の一〇個の素数

——を加えながら、何度もメッセージを繰り返し書き入れる。次に、彼は自分にそのウイルスを感染させて人が大勢いる部屋でくしゃみをする。インフルエンザがたちまち世界中に広がり、遠くの国の医学研究所ではワクチンをつくるために、そのゲノムの配列の解析に取りかかった。まもなくそのゲノムに繰り返しあらわれる奇妙なパターンのあることがわかった。素数——自然に生ずるはずがなかった——の存在に驚いて、誰かがはたと思いつき、暗号解読テクニックを使ってみた。そこまでくれば、クリクソン教授がくしゃみで世界中に広めたメッセージの英語の完全な文章を読み取るのは簡単な作業だった。

われわれの遺伝システムは、地球上のあらゆる生命に普遍的なシステムだが、徹底的にデジタルである。逐語的な正確さで新約聖書のすべてを暗号化して、ヒトゲノムのうちで現在は「無用な」ＤＮＡ——つまり、少なくとも普通のかたちでは身体が使っていないＤＮＡ——が占める部分に書き込むこともできる。身体のすべての細胞には膨大なデータを入れたテープ四六本に相当する情報が含まれていて、同時に動く無数の読み取りヘッドを介してデジタル文字をよどみなく読み取っていくのである。すべての細胞のなかで、これらのテープ——染色体——には同じ情報が含まれているのだが、細胞によって異なる種類の読み取りヘッドがデータベースのなかから自分たちの専門の用途にそって異なる部分を探しだす。だからこそ、筋肉の細胞は肝臓の細胞とは異なるのである。精神につき動かされた生命力もなければ、どきどきと脈打ち、上下にゆれて群がる、原形質の神秘なゼリーなどもない。生命はデジタルな情報のバイト、バイト、バイトにすぎないのだ。

遺伝子は純粋な情報であり、量の低下や意味の変質を招くことなく、暗号化も、再暗号化も、あるいは解読もできる情報である。純粋な情報はコピーすることができるし、デジタルな情報なので、複製の忠実度は測り知れないほどだ。DNAの特徴は現代のエンジニアの能力にひけをとらない正確さでコピーされる。ちょうどまれに変種ができる程度のエラーをともなうだけで、世代から世代へとコピーされていく。この変種のうち、世の中で多数を占めるようになる暗号の組み合わせこそが、体内で解読されて実行されたときに、同じDNAのメッセージを保存し伝達するべく積極的な手段をその体に取らせるものであるのは明らかだし、自動的にそうなるだろう。われわれ――ということは生きているものすべて――は、プログラミングを行なったデジタル・データベースを増殖させるようプログラムされた生存機械なのである。いまやダーウィン主義は、純粋なデジタル暗号のレベルで、生き残ってきたものの生存を意味するものとみなされる。

後知恵をもってすれば、それ以外の道はありえなかった。アナログ式の遺伝システムも想像できないわけではない。だが、われわれはアナログの情報が何世代もつづけてコピーされるとどうなるかを見てきた。噂話に尾鰭がつくのと同じである。増幅されたアナログ電話、何度もダビングしたテープ、ゼロックスで複写したものの複写など、アナログ信号は累積的な劣化をこうむりやすく、複製がきちんと維持できる世代数はかぎられている。他方、遺伝子は一〇〇〇万世代でも自己複製が可能で、しかも劣化がまったくないと言ってよい。ダーウィン主義が通用するのは、ひとえに――個別の突然変異は別で、これも自然淘汰によって排除されるかあるいは保存される――コピー処理が完璧だからである。ディジタルな遺伝システムのみが、地質学的な永劫の時間をこえてダーウィン主義をもちこたえさせることができるのだ。二重らせん構造が明らかにされた一九五三年という年は、神秘的・反啓蒙主義的な生命観がとどめを刺された年として認められる日がくるだろうが、それだけではない。ダーウィン主義者たちは自分たちのテーマがついにデジタル化した年だと考えるだろう。

地質学上の時間を滔々と流れながら三〇億もの支流へと分かれていく、純粋かつデジタルな情報の川といえば、強烈なイメージである。だが、それは生命のもつなじみ深い特質をどこに置き去りにするのだろう？　体や手足、目や脳、頬髭、あるいは葉や幹や根をどこに置き去りにするのだろうか？　われわれ自身、そしてわれわれの体の各部分はどこに？　われわれ――われわれ動物や植物や菌類や細菌――は、デジタルなデータが流れる小川の両岸にすぎないのだろうか？　ある意味ではそのとおり。だが、すでにそれとなく示唆したように、それ以上の存在でもある。遺伝子は世代から世代へ流れくだる自己のコピーをつくるだけではない。それらは実際に体のなかで一生をすごし、自分がひきつづいて宿る体のかたちや行動に影響をおよぼす。体もまた重要なのである。

たとえば、ホッキョクグマの体は、デジタルな小川の両岸の土手になっているだけではない。それはまた、クマの大きさなりの複雑さをもつ機械でもある。ホッキョクグマの全個体群の遺伝子のすべてが一つの集合体を成しており、時の流れのなかでつねに肩をよせあうよき仲間である。しかし、それらの遺伝子は、集合体の全員といつも一緒にすごすわけではない。集合体をなす遺伝子セットの範囲内でパートナーを変える。集合体を定義するなら、集合体内部のほかのどの遺伝子とも出会う可能性がある（しかし、世界に存在するそれ以外の三〇〇〇万のいかなる集合体のいかなるメンバーとも出会うことはない）遺伝子のセットである。実際の出会いはつねにホッキョクグマの体内の細胞のなかで起こる。そして、その体はＤＮＡを受け入れる単なる容器ではない。

まず、何よりも想像を絶するのは、完全な遺伝子セットをもつ細胞の数が膨大なことである。大きな雄のクマでざっと九×一〇の一四乗である。もし一頭のホッキョクグマの細胞のすべてを一列に並べたとすると、それは地球から月までらくに往復旅行をして帰ってこれる長さになる。これらの細胞は二〇〇種類の異なるタイプからなり、筋肉細胞、神経細胞、骨細胞、皮膚細胞など、基本的にはすべての哺乳類と同じタイプのものである。これらの異なるタイプの細胞はどれも集まって筋肉組織、骨組織などの組織をつくっている。それぞれのタイプの細胞はどれも、どのタイプの細胞であれつくるのに必要な遺伝子の指令をすべてもっている。ただ、当の組織にふさわしい遺伝子にだけスイッチが入るのである。これこそ、組織が異なると、細胞のかたちや大きさがちがってくる理由である。さらに興味深いことに、ある特定のタイプの細胞のなかでスイッチを入れられた遺伝子は、それらの細胞を増殖させて組織が特定の形状をもつように仕向ける。骨は固くて硬直した組織の無定形なかたまりではない。骨は中空の軸、関節、各種の突起などを備えた独特の形状をしている。各細胞は細胞内でスイッチが入った遺伝子によってプログラムされて、まるで自分が隣の細胞との関係でどこに位置するのかを知っているかのようにふるまう。こうして、細胞は耳たぶや心臓の弁、眼のレンズ、括約筋などの形状をした組織を構築していくのである。

ホッキョクグマのような生物体の複雑さは幾重にも重層的である。体は肝臓や腎臓、骨などのような精密にかたちづくられた器官の複雑な集まりである。各器官は複雑な構造物で、細胞を構造単位とする、特定の組織からつくられる。組織は層状やシート状をしていることが多いが、中身の詰まった塊状の場合も多い。もっと微細な尺度で見ると、各細胞は折り畳まれた膜からなるきわめて複雑な内部構造をもっている。これらの膜およびそのあいだを充たす液を舞台にして、無数の異なるタイプの複雑な化学反応が起こる。ＩＣＩやユニオン・カーバイドの化学工場では、数百の異なる化学反応を内部で進行させているかもしれない。こうした化学反応はフラスコや試験管などの壁でたがいに隔てられているはずだ。生きている細胞は同じような数の化学反応を内部で同時に進行させている。細胞内の膜は実験室のガラス器具にかなり似ているとはいえ、このたとえは二つの理由で適切でない。第一に、多くの化学反応は膜と膜とのあいだで起こりはするものの、非常に多くの反応が膜それ自体をつくっている物質の内部で起きているからである。第二は、種々の反応を分離しておくためのより重要な手段の存在である。すなわち、各反応はそれぞれに特別の酵素によって触媒されるのである。

酵素は非常に大きな分子であって、その三次元構造が特定の化学反応を促進するような表面を提供することによって、反応を速める。生物学的な分子で重要なのは、その三次元構造だから、酵素は特定の形状の分子の製造ラインをつくりだすよう注意深く配置された大きな工作機械であると見なすことができる。したがって、一つの細胞が、内部の異なる酵素分子の表面上で、何百もの別々の化学反応を同時に、しかも別々に進行させることが可能なのだ。ある細胞のなかでどのような特定の化学反応が起きているかは、どの種類の酵素分子が大量に存在するかを調べれば判定できる。各酵素分子は、何よりも重要な意味をもつ形状もふくめて、特定の遺伝子の決定論的な影響のもとで組み立てられる。細かくいうなら、遺伝子内の数百の暗号文字の正確な配列が、いまや完全に解明されている一連のルール（遺伝暗号）にのっとって、酵素分子のアミノ酸の配列を決定しているのである。すべての酵素分子はアミノ酸分子の細長い鎖であり、すべてのアミノ酸の細長い鎖は自然に巻き上がって結び目に似た特異な三次元構造をつくり、その結び目のなかでは鎖のそれぞれの部分が鎖のほかの部分と架橋結合している。正確に三次元構造をなした結び目の構造はアミノ酸の一次元配列によって、つまりは遺伝子の暗号文字の一次元配列によって決まる。こんなわけで、細胞内で起きる化学反応は、どの遺伝子にスイッチが入るかによって決まるのである。

それでは、特定の細胞のなかでどの遺伝子にスイッチが入るかは何によって決まるのだろうか？　その答えは、すでに細胞内にある化学物質である。まるでニワトリが先かタマゴが先かというパラドックスのようだが、これは克服できないわけではない。このパラドックスの解決法は、細部こそこみ入っているが、原理的には実際にきわめて単純である。それはコンピュータ・エンジニアたちがブーストラッピングと呼んでいる解決法である。私が初めてコンピュータを使いだした一九六〇年代には、すべてのプログラムを紙テープでロード（読み込ませ）しなければならなかった（このころ、アメリカのコンピュータはパンチカードを使っていたが、原理は同じである）。難しいプログラムの長いテープをロードする前に、ブーストラップ・ローダーと呼ばれるもっと短いプログラムをロードしなければならなかった。ブーストラップ・ローダーはただ一つのことをするプログラムで、コンピュータに紙テープのロードの仕方を教えるだけである。しかし——ここにニワトリとタマゴのパラドックスがある——ブーストラップ・ローダーのテープそのものはどうやってロードされたのだろう？　現代のコンピュータではブーストラップ・ローダーに相当するものが回路として機械に内蔵されているが、その当時は、儀式的にパターン化された順序でトグルスイッチを入れることから始めなければならなかった。この順序がコンピュータにブーストラップ・

ローダーのテープの読み方を教えた。すると、ブーストラップ・ローダーのテープの最初の部分はブーストラップ・ローダーのテープの次の部分の読み方を教える、というふうに繰り返していく。ブーストラップ・ローダーのすべてが呑みこまれたころには、コンピュータはどんな紙テープの読み方もわかり、役に立つコンピュータになっていた。

胚発生がはじまると、ただ一個の細胞である受精卵は二つに分裂する。一つのおのおのが分裂して四個になり、さらに分裂して八個にと、分裂はさらに何回も繰り返されてゆく。わずか数十回の分裂で、細胞数は億という数に達する。指数関数的な分裂の威力はそれほどに大きいのである。だが、もしそれだけであれば、一億の細胞は全部同じものになるはずだ。だがそうではなく、肝臓の細胞や腎臓の細胞、筋肉の細胞などに分化（専門用語を使うと）し、それぞれ異なる遺伝子にスイッチが入って異なる酵素が活発になるのは、何によるのだろうか？　それはブーストラッピングによるのであり、こんなふうに作用する。卵は球体のように見えるが、実際には内部の化学的性質に極性がある。上部と下部があって、しかも多くの場合、前面と背面もある（したがって左側と右側がある）。こうした極性は化学物質の濃度勾配というかたちであらわれる。前面から背面へいくにしたがって濃度が高まる化学物質もあれば、上部から下部に移るにしたがって高まるものもある。こうした初期の勾配はかなり単純だが、それらはブーストラッピング操作の第一段階を形成するのに十分なのである。

卵が、たとえば三二個の細胞に分割したとき――つまり五回分裂したあと――、この三二個の細胞のうち、上部の化学物質を公平な分け前以上にもつ細胞があらわれ、下部の化学物質を余計にもつ細胞もあらわれる。前面と背面の化学物質に関しても不均衡があらわれる。こうした差異は、異なる細胞のなかで異なる遺伝子の組み合わせにスイッチが入る原因として十分である。それゆえ、初期の胚の異なる部位の細胞には異なる組み合わせの酵素が存在することになる。そして、それが将来異なる細胞のなかで異なる組み合わせの遺伝子にスイッチが入るように面倒をみるのである。こうして、いくつかの細胞の系列へと分岐していくのであり、胚のなかで先祖のクローンといつまでも同じにとどまっていることはない。

こうした細胞の分岐は、先に論じた種の分岐とは非常に異なる。細胞の分岐はプログラムされていて、細部まで予測することが可能なのにたいし、種の分岐は地理的な偶発事故の思いがけない結果であって、予測もできない。さらに、種が分岐するときには、遺伝子自体も分岐するのであって、それを私は気取って永遠の別れと呼んだわけだ。胚の内部で細胞系列が分岐するとき、分岐した双方が同じ遺伝子――そのすべて――を受け取る。だが、細胞によって受け取る化学物質は異なっていて、それが異なる組み合わせの遺伝子にスイッチを入れるし、一部の遺伝子は他の遺伝子にスイッチを入れたり切ったりするのである。こうしてブーストラッピングは、異なるタイプの細胞が完全に出揃うまでずっとつづけられるのである。

発生中の胚は二〇〇種もの異なるタイプの細胞に分化するだけではない。それはまた、外部および内部の形態に優雅でダイナミックな変貌をもたらす。おそらく最もドラマチックなのは最も初期の変化、原腸形成と呼ばれる変化だろう。著名な発生学者ルイス・ウォルパートはいみじくもこう述べている。「あなたの人生で真に最も重要なのは、誕生でも結婚でも死でもなく、原腸形成である」。原腸形成で起こるのは、細胞塊の一部が貫入して内側に入りこみ、裏打ちされたカップ状になることである。基本的に、動物界のあらゆる胚はこの原腸形成という過程を経験する。多種多様な胚発生はすべて一様にこれを基本としている。ここでは、胚の発生中にしばしば見られる、細胞のシート全体のたえまない折紙のような動きの単なる一例――とくにドラマチックな例――として、原腸形成をあげたにすぎない。

折紙の名人芸のはてに、つまり、細胞の層が何度となく折り込まれ、引きだされ、ふくらまされ、引き伸ばされたあとで、きわめてダイナミックな編成のもとに胚の一部を犠牲にしてほかの部分が特に成長したあとで、何百種もの化学的にも物理的にも特殊化した細胞へと分化し、細胞の総数が億に達したあとで、最終的にできあがるのが赤ん坊である。いや、赤ん坊でさえ最終的な産物ではない。なぜなら、個体の成長――またしても、ある部分がほかの部分より速く成長する――のすべてを言うなら、成人期をすぎて老年へと移行する過程も同じ発生学の延長上にあると見なければならないからである。言ってみれば生涯発生学である。

各個体が異なるのは、生涯発生学における細部の差のためである。ある細胞の層が折り畳まれる前に少し余計に成長したとすると、どのような結果が生まれるだろう？上にそった鼻ではなく鷲鼻かもしれないし、軍隊に入れないために生命の恩人となる扁平足かもしれず、槍投げが（あるいは手榴弾、クリケットボールなど環境しだいで）上手にできるような特殊なかたちの肩甲骨かもしれない。また時には、細胞の層の折紙の手際の個体差によって、たとえば腕のかわりに切り株状の付け根しかなく手ができないとき（アザラシ肢症）のように、悲劇的な結果がもたらされることもある。個体差の原因が細胞層の折紙ではなくて、純粋に化学的なものである場合には、それから生ずる変化は、ミルクの消化力不足やホモセクシャルの傾向、あるいはピーナッツ・アレルギー、あるいはマンゴーにテレピン油のいやな味を感ずる味覚など、それほど重大なものではない。

胚の発生は非常に複雑な物理・化学的な作業の成果である。その経過のどの時点における変化も、ずっとあとまで及ぶいちじるしい結果をもたらすことがある。だが、その過程がどれほど激しくブーストラップされたかを思い返せば、それもさして驚くにはあたらない。個体による発生の仕方のちがいの多くは環境――たとえば酸素の欠乏やサリドマイドの影響――のちがいによる。また、多くは遺伝子――孤立した遺伝子だけではなく、ほかの遺伝子と相互関係にある遺伝子、また環境のちがいと相互関係にある遺伝子――のちがいによるのである。胚の発生のように、複雑で変幻きわまりなく、錯綜しながら相互的にブーストラップされた過程は、強靭であると同時に、鋭敏である。変化をこうむりそうな無数の可能性に打ち勝って、ときには完敗しそうな確率に反して生きた赤ん坊をつくりだす点では強靭である。同時に、いかなる二人といえども、たとえ一卵性の双生児でも、すべての特徴がまったく同一ではないという点では変化に鋭敏なのである。

そして、こうしたことのすべてから導きだされる要点に筆を進めよう。（その程度に差こそあれ）遺伝子が個体差に影響をおよぼす程度に応じて、発生学上の折紙や化学物質が生んだ変りもののあるものを自然淘汰は支持し、その他のものを退けることができる。遺伝子がものを投げる腕に影響をおよぼす程度に応じて、自然淘汰はそれを選り好みすることも退けることもできる。よく投げる能力が、一人の人間が子供をもてる年齢まで生きのびる見込みにたとえわずかでも影響をおよぼすとすれば、遺伝子が投擲能力に影響をおよぼす程度に応じて、それらの遺伝子の次の世代へと勝ち進む見込みは大きくなる。誰にせよ、個人は投擲能力と無関係な理由で死ぬことはある。だが、その遺伝子があるほうが、ない場合よりも個人の投擲能力をよくする傾向があるという、そういう遺伝子は何世代にもわたって、よしあしを問わず大勢の人の体に住みつくだろう。特定の遺伝子の立場から見ると、ほかの死因は平均でしかない。遺伝子の視点には、何世代も流れていくＤＮＡの川の長期的な見通ししかなくて、遺伝子はほんの一時的に特定の体に宿り、成功するか失敗するかわからない仲間の遺伝子とほんの一時的に一つの体を共有するにすぎないのである。

長期的には、その川はいくつかの理由で生存に適した遺伝子でいっぱいになる。槍投げの能力が少し改善されるとか、毒を見分ける能力が増すなど、何でもありうる。平均的にみて生存に適さない遺伝子——それが宿る体を乱視にする傾向があるため、その体の持ち主は槍投げがあまりうまくないとか、肉体を魅力的にしないために、それが宿る体の主は結婚できそうにもないなど——は、遺伝子の川から姿を消してゆくことになるだろう。こうしたことすべてにおいて、先に明らかにしたところに留意してほしい。すなわち、川で生きのびる遺伝子は、その種が生きる平均的な環境で生存に適していたのであり、この平均的な環境のなかで最も重要なのは、その種のほかの遺伝子である。つまり同じ体を共有しそうなほかの遺伝子であり、同じ川を地質学的な時間を越えて泳いでいる遺伝子なのである。

2　全アフリカとその子孫

科学は現代の創世神話以上のものではない――こういうのが、気のきいた科白のごとく思われているらしい。古代ユダヤ人たちには彼らのアダムとイヴがいたし、古代バビロニアのシュメール人にはマルドゥックとギルガメシュが、ギリシア人にはゼウスとオリュンポスの神々が、古代スカンディナヴィア人にはヴァルハラがあった。頭のきれる人びとはこう言う。現代の神々や叙事詩の勇者というだけで、昔より良くも悪くもなく、真実でも偽りでもないのだとすれば、進化とはいったい何なのだ？　文化的相対主義と呼ばれるいまや流行のサロン哲学があるが、なかには科学は部族の神話同様で真理だなどと言えるものではないと主張する極端なものもある。科学は現代西欧人という部族の好む神話体系にすぎないというのだ。かつて私は同僚の人類学者に挑発されて、問題点をはっきりさせることになった。私はこう言ったのだ。月は、空に放り投げられ樹の上にひっかかっていてちょっと手が届かない古いヒョウタンの実だと信ずる部族があるとしよう。あなたがたは、月は約二五万マイル離れていて、地球の直径の四分の一の大きさだとするわれわれの科学的真理は、その部族のヒョウタンと同じように真実ではないと本気で主張するのかね？「そうとも」と、人類学者は言った。「われわれは科学的に世界を見る文化のなかで育てられただけだ。彼らは世界を別の仕方で見る文化のなかで育っている。どっちが真実だなんて言えないね」。

地上三万フィートの上空で文化的相対主義者を紹介してくれれば、その化けの皮をはがして見せよう。科学的な原理にしたがって建造された飛行機は空を飛べる。それは上空を移動して、選ばれた目的地まであなたがたを運ぶ。部族のあるいは神話体系の仕様にしたがってつくられた飛行機、たとえばジャングルの伐採地のカーゴカルト〔積荷崇拝者。ニューギニアなどに見られる宗教運動で、白人が舟や飛行機でもたらす積荷は神の贈り物で、本来自分たちのものだとする。そのため、まがい飛行機を作って積荷を待ち受けたりもする〕のまがい飛行機やイカルスの蜜蠟の翼ではそうはいかない。* あなたが人類学者や文芸批評家の国際会議へ飛行機で行くとして、耕された畑に墜落もせず、おそらくそこに到着できる理由は、西欧科学の教育を受けた大勢のエンジニアたちの計算が正しかったからだ。西欧科学は月が地球から二五万マイル離れた軌道を描いて回っているという確かな証拠にのっとって、西欧で設計されたコンピュータとロケットを使い、人びとを月面に立たせることに成功した。月は樹の少し上にひっかかっていると信ずる部族の科学は、決して夢のなか以外では月に触れることはないだろう。

私が公の場で講演をすると、ほとんどかならずと言ってもいいほど、聴衆のなかから顔を輝かせながら、先の人類学者の同僚と同じ趣旨を述べる人がでてきて、たいてい、それにつられてうなずく人びとのざわめきが広がる。うなずいた人びとは自分がリベラルで人種差別をしない善人だと思っているにちがいない。そのうなずきをさら

＊　私がこの決定打とも言える論拠を使ったのはこれが初めてではない。そして、強調しておきたいと思うが、これはわが同僚と同じようなヒョウタン説派の人びとだけを標的とする議論である。まぎらわしいことに、やはり文化的相対主義者を自称しているが、まったく異なり、完全に理にかなった考え方をする人びともいる。彼らにとって文化的相対主義とは、ある文化に根づく考え方を自らの文化の角度から解釈しようとしては、その文化を理解することはできないという意味にすぎない。その一つ一つをその文化のほかの考え方との関係で見ようとしなければならないというのだ。私の思うに、この理にかなった文化的相対主義が本家本元で、先に極端だとして批判した考え方は、おどろくほど広がってはいるが、邪道ではないだろうか。分別ある相対主義者はばかげた異説と距離をおくようにもっと努力すべきである。

に引き出すまことしやかな言い分は、「根本的に、あなたの進化への信念は信仰の問題になっています。だから、それは誰かがエデンの園を信じるのと何ら変わるところがありません」。

すべての部族には創世神話——宇宙や生命や人間性の起源を説明する部族伝来の物語——がある。たしかに、科学がそれに相応するものを、少なくともわが現代社会の教育のある人びとに提供していると考えることにも一理はある。また、科学は宗教だと評されることさえあるだろうし、私ははなから冗談のつもりでもなく、宗教教育の授業（イギリスでは宗教教育は学校の必須カリキュラムになっており、その点、たがいに相容れない激しい宗教のいずれかを傷つけるのを恐れて、宗教教育を禁止しているアメリカとちがう）に適切なテーマとして、科学を擁護する小文を発表したことがある。** 科学が宗教と共通しているところは、生命や宇宙の起源や本質に関する奥深い問いに答えるものだと主張することである。しかし、似ているのはそこまでである。科学的信念には証拠という支えがあり、成果を生むものである。神話や信仰にはそれがなく、成果を生むこともない。

あらゆる創世神話のなかで、ユダヤ人のエデンの園の物語は西洋文化に非常に深く浸透しているため、人間の祖先に関する重要な科学理論にも、その名が使われている。

それが「アフリカのイヴ」である。私はこの章をアフリカのイヴにあてようと思う。一つにはDNAの川という比喩を発展させやすいからだが、それだけではなく、科学的な仮説としての彼女を、エデンの園の伝説的な女家長と対比してみたいからである。もしうまくいけば、読者は真実が神話以上に興味深く、詩的な感動さえ誘うものだと感じることだろう。最初に純粋な推論をしてみよう。それが妥当であることは、じきに明らかになるはずである。

あなたには二人の両親がいて、四人の祖父母、八人の曽祖父母とさかのぼっていける。世代を一つさかのぼるたびに先祖の数は二倍に増えていく。世代をg回さかのぼれば、先祖の数は二のg乗になる。ではあるが、のんびり座ったままでも、そんなはずがないことぐらいはすぐにわかる。少し昔に――たとえばイエスの時代まで、正確にはほぼ二〇〇〇年前まで――さかのぼるだけで納得できることだ。内輪に見積もって一世紀に四世代――つまり、人びとが平均二五歳で子供をもつ――と考えると、二〇〇〇年ではわずか八〇世代にしかならない。おそらく実際にはこれよりも多いだろう（近年まで、多くの女性が非常に若くして子供を産んでいた）が、これは理論的な

＊＊『スペクテイター』ロンドン、一九九四年八月六日付。

計算にすぎないし、そのような細部とは関係なしに、肝心な点ははっきりする。二の八〇乗といえばとてつもない数で、一に〇が二四個もつく一兆の一兆倍である。あなたにはイエスと同時代の先祖が一〇〇〇〇〇〇〇〇〇〇〇〇〇〇〇〇〇〇〇〇〇〇〇〇人もいることになるし、私だって同じことである！　だが当時の世界の総人口は、いま数えたばかりの数のごくごくわずかな一かけらほどにすぎなかった。

明らかにどこかに間違いがあるのだが、どこでだろう？　計算は正しかった。正しくないのは、世代ごとに二倍になるという想定だった。実際、いとこ同士が結婚することを忘れていたのだ。私は誰でも八人の祖父母がいると想定した。だが、実のいとこ同士の結婚で生まれた子供には曾祖父母は六人しかいない、なぜなら、いとこ同士に共通の祖父母は、その子供たちにとって系譜は異なっても、ともに曾祖父母にあたる。「だからどうした？」と反問されるかもしれない。いとこと結婚する人もたまにはいる（チャールズ・ダーウィンの妻、エンマ・ウェッジウッドは彼の実のいとこだった）が、それはたいした影響がないほど、たまにしか起こらないことだろうか？　いや、それが起こるのである。なぜなら、この計算の目的からして、「いとこ」にはまたいとこ、そのまたいとこ、そのまたいとこも含まれるからである。それほど遠くまで「いとこ」を数えていくと、すべての結婚は「いとこ」同士の結婚ということになる。ときどき、人びとが女王の遠いいとこにあたると自慢するのを聞くことがあるが、それはいささかこけおどしというものである。なぜなら、われわれはみな女王やほかの誰とでも、由来をたどりようがないほど多くの点で、遠い「いとこ」にあたっているのだ。王室と貴族の特別なところはただ一つ、彼らは家系を明らかにたどれることである。第一四代ヒューム伯がその称号を政敵からなじられたときに言ったように「考えてみますと、ウィルソン氏も第一四代ウィルソン氏ではないのでしょうか」というわけだ。

要するに、われわれはたがいに、普通に考えている以上に近い「いとこ」同士であり、祖先の数は単純計算よりもはるかに少ないのである。この線にそって推論をさせようと、私はある女子学生に、彼女と私の最も近い共通の祖先はどれくらい前の人だったか、事実を踏まえて推測するよう、授業の終わりに質問したことがある。彼女は私の顔をじっと見つめながら、ためらいなく、田舎なまりのアクセントでゆっくりと答えた。「類人猿の昔です」。これは直観的な飛躍として許してもいいが、ほぼ一〇〇パーセントのその一〇〇倍も間違っている。それでは、共通の祖先から分かれたのが何百万年も前ということになってしまう。真相は、彼女と私の最も近い共通の祖先が生きていたのは、おそらくわずかに二世紀前にすぎず、征服王ウィリアムのずっとあとになるだろうということだ。さらに言うと、われわれはきっと、同時にいくつもの系譜を通じて「いとこ」だったのである。

先ほどは計算法を間違えて祖先の数を膨大に増やしてしまったが、計算のもとにした祖先のモデルはつねに枝分かれし、かつ何度も枝分かれする樹だった。それをひっくり返しにしたのが子孫の樹状モデルだが、これもやはり間違っている。一般的な個人は二人の子供をもち、四人の孫、八人の曾孫とふえていき、二、三世紀も下れば何兆という信じがたい数の子孫がいることになる。祖先や子孫のモデルとしてもっとはるかに信用できるのが遺伝子の川の流れであり、それは前章で紹介した。その両岸の土手の内側で、遺伝子はつねにうねる小川として時を流れていく。流れは渦巻いて分かれ、またいつか時の川を下りながら遺伝子が交差するときにふたたび合流する。時間的に間隔をあけて川の流れからときどきバケツで水を汲み上げてみよう。バケツのなかの一対の分子は以前には仲間だったし、川を下るあいだ時々仲間だったのであり、やがてまたもう一度仲間になるだろう。逆に、過去にはひどく隔たっていて、将来またさらに遠く隔たっていくものもある。接触のあった地点を突き止めるのは難しいが、接触のあったことは数学的にたしかめられる――もし二つの遺伝子がある特定の時点で接触がなくなっても、川の上流か下流へさほど行かないうちに、再び接触することは数学的に確実である。

あなたは自分が夫の「いとこ」にあたることをご存じないかもしれないが、祖先をそれほど遠くさかのぼらないうちに、彼の家系との接点に出会う可能性が統計的には高い。未来に目を転ずると、自分の夫なり妻なりと子孫を共有する可能性が大きいのはわかりきった話だと思われるかもしれない。だが、ここにはもっとずっと面白い考え方がある。今度、大勢の人びとと——たとえばコンサートホールやサッカーの試合場などで——同席するときに、聴衆や観衆を見まわして次のことを考えてみてほしい。かりに遠い将来にまで子孫をもつとしたら、おそらくこの同じホールのなかに将来の子孫の共同の祖先になる人がいるだろう、と。同じ子供たちの祖父母同士は普通、自分たちが共同の祖先であることを知っているし、個人的に仲がよいかどうかは別として、何らかの親近感をいだくにちがいない。たがいを眺めてこういうかもしれない。「何だか、あの人はあまり好きになれそうもないけれど、共通の孫のなかには彼のDNAと私のが混じっているのだし、私たちがあの世へ行ってずっと先の将来に、共通の子孫をもつ見込みもあるのだ。たしかにこれが私たちの絆をつくっているのかもしれない」。しかし、私が言いたいのは、もしあなたが幸運にも遠い将来まで子孫をもつことがあるとしたら、コンサートホールにいる赤の他人がおそらくあなたと共同の祖先になるだろうということである。ホールを眺めわたして、女性にしろ男性にしろ、どの個人があなたと子孫を共有することになるかならないかをじっくりと考えてみよう。あなたが誰であり、肌の色や性別がどうであっても、あなたがこの私と共同の祖先になることは十分にありうる。あなたのDNAは私のと混じる運命にあるかもしれないのだ！　どうぞよろしく！

さて、タイムマシンに乗って過去へ、コロシウムの人だかりでもいいし、もっとさかのぼってウルの市の日、あるいはもっと昔へさかのぼるとしよう。現代のコンサートホールの聴衆を想像したように、群衆を眺めてみよう。ずっと昔に亡くなったこれらの人びとが二つに、たった二つに分けられることに気づくだろう。あなたの祖先にあたる人びととそうでない人びとである。それはもちろんわかりきったことだ。だが、タイムマシンが十分遠くまであなたをつれ戻してくれたら、出会う個体を、一九九五年の時点で生きている全人類の祖先と、一九九五年の時点で生きている誰の祖先でもない人々に分けることができる。中間はないのだ。あなたがタイムマシンから出て目を注ぐすべての個体は、全世界の人類の祖先かまったく誰の祖先でもないかのどちらかである。

これは面白い考えであるが、証明するのはしごく簡単である。頭のなかのタイムマシンを気が変になるほど遠くへ、たとえばわれわれの祖先が肺をもった総鰭類の魚で、水からでてきて両生類になった三億五〇〇〇万年前まで動かしてみるだけでよい。ある特定の魚が私の祖先であるとすると、それがあなたの祖先でないとは考えられない。そうでないとしたら、あなたにつながる系統と私につながる系統が独立して、相互の関連もなく、別の魚から両生類、爬虫類、哺乳類、霊長類、類人猿、そして原人へと進化したうえ、ついに非常に似ていてたがいに口をきくこともできれば、異性であればたがいに愛しあうことさえできるようになったということになる。あなたと私にあてはまることは、どんな二人の人間についてもあてはまることである。

ここまでで、われわれが十分遠くまでさかのぼれば、出会う個体はすべてわれわれすべての祖先か、誰の祖先でもないかのいずれかであることを立証してきた。しかし、どのぐらい遠ければ十分なのだろうか？　明らかに総鰭類までさかのぼる必要はない――それは行きすぎというものだ――が、一九九五年の時点で生きているすべての人類の祖先と出会うには、どれくらいさかのぼる必要があるだろうか？　それは一段と難しい問題で、しかも私がこれから取りかかろうとする問題である。頭で考えるだけでは答をだせない。われわれは個別の事実という現実の堅固な世界から得られるたしかな情報、測定値を必要とする。

現代統計学の父であると同時に、二十世紀におけるダーウィンの最高の後継者と目されるイギリスの遺伝学者で数学者のサー・ロナルド・フィッシャーは、一九三〇年にこう述べている。

この一〇〇〇〇年間を除けば、全人類が実質的に同じ祖先をもつことをはばんだのは……異人種間の性交を妨げる地理的およびその他の障害だけだった。同じ民族の構成員の祖先は、この五〇〇〇年以上のあいだほとんど変わりがない。紀元二〇〇〇年に、残っていそうな唯一の差異は、はっきりした民族学的な意味での種族間の差異だけということになるだろう。それらは……実はきわめて古くからあった差異かもしれない。しかし、そういうことは、長い歳月のあいだ分離した集団間で血統の拡散がほとんどなかった場合にのみ起こることである。

川の比喩というわれわれの視点からすると、フィッシャーは地理的に統合されている人種の人びとすべての遺伝子は同じ川を流れているという事実を利用していると言えよう。だが、彼があげた数字——五〇〇〇年、二〇〇〇〇年、異なる人種の分離が起こった年代の古さ——となると、フィッシャーは事実に基づいた推論をすべきだったのだ。だが、彼の時代には適切な事実がまだ知られていなかった。いまや、分子生物学という革命によって、目もくらむほど知識は豊かになっている。われわれにカリスマ的なアフリカのイヴを授けてくれたのは分子生物学である。

デジタルの川は使われる唯一の比喩というわけではない。われわれ一人一人のDNAを家庭用聖書になぞらえてみたい気がしてくる。第一章で見てきたように、DNAは四文字のアルファベットで書かれた、非常に長い情報文書（テキスト）である。その文字はわれわれの祖先から、われわれの祖先からのみ、きわめて遠い祖先からさえ驚くべき精密さでコピーされたものである。異なる人びとのなかに保存されているテキストを比較することで、彼らの「いとこ」関係を再現し、共通の祖先をさぐりあてることができるはずである。DNAが分化する時間をゆっくりともてた遠い「いとこ」たち――たとえばノルウェー人とオーストラリア先住民（アボリジニ）――では、文書中の多くの言葉がちがうはずである。学者たちは聖書の文書の異なる翻訳をもとにこうした研究をしている。ところがあいにく、DNA文書の場合には思わぬ障害がある。性である。

性は記録保管係にとって悪夢である。たまに起こる避けられないエラーを別にすれば祖先の文書をそっくりそのまま残してくれるはずが、性はそのかわりに気まぐれかつ精力的に証拠文書のなかに踏みこんで破壊する。瀬戸もの屋に突っこんだ牡牛でも、DNA文書を破壊する性の荒っぽさにはかなわないだろう。聖書の研究にはこのようなことはない。正直なところ、たとえば雅歌の由来をたどろうとする学者は、それが見かけとはかなり異なることに気づいている。ソロモンの雅歌には奇妙にばらばらな節があり、それが実はいくつかの異なる詩の断片で、いくつかエロチックなものだけを集めて綴りあわせたものであることを示唆している。そこにはエラー——突然変異——が、ことに翻訳のミスがある。「われわれのためにきつねを捕えよ、葡萄園を荒らす小ぎつねを捕えよ」のくだりは誤訳であろう。一生のあいだ何度も繰り返しているうちに、この歌もそれなりに忘れられない魅力をもつようになってはいるが、より正しい「われわれのためにオオコウモリを捕えよ、小さなオオコウモリを……」の魅力にはかないそうもない。

見よ、冬は過ぎ、雨もやんで、すでに去った。もろもろの花が地にあらわれ、鳥のさえずる時がきた。カメの声がわが地に聞こえる。

この詩はまことに魅惑的で、私としては、疑う余地のない突然変異がここにもあることを指摘して、味わいをそこなうのは気が進まない。現代語訳で正しく、ただしつまらなくしているように、カメ（turtle）のかわりに山ばと（dove）を挿入して、韻律のくずれを聞いてみよう。だが、これらは些細なエラーであり、何丁部も印刷されたり、忠実度の高いコンピュータ・ディスクにエッチングされた文書ではなく、希少で傷をこうむりやすいパピルスから生身の筆写人の手で書き写され、さらに書き写されてきたものには、予測せざるをえない、不可避で軽微なエラーである。

しかし、この状況に性が入りこんだらどうだろう（いや、私の言っている意味では、ソロモンの雅歌に性は入りこんでいない）。私の言っている意味で性がやることとときたら、任意に選んだ断片のかたちの文書を二つに引き裂き、別に引き裂いた文書の半分をつけたして混ぜるようなものだ。信じがたい――破壊的でさえある――ようではあるが、これこそまさに性細胞がつくられるときにかならず起こる事態なのである。たとえば、男性が精細胞をつくるとき、彼が父親から受け継いだ染色体は、母親から受け継いだ染色体と対になり、そしてその大きな塊りが位置を変える（染色体の交叉）。だから、子供の染色体は祖父母の染色体やずっと遠い祖先のものが整理のしようもなく混じりあっている。昔の文書らしきものの文字やおそらく言葉などが、のちの世代までそっくりそのままで生きのびるかもしれない。だが、章やページ、はては段落までもがずたずたに引き裂かれて無慈悲な効率一点張りでつなぎあわされるものだから、歴史をたどる手段としてはほとんど役に立たない。祖先の歴史に関しては、性は大きな隠れ蓑の働きをしているのだ。

性が関与しない部分でなら、DNA文書を使って歴史を再現することが可能である。私は二つほど重要な例を思い浮かべることができる。一つはアフリカのイヴであり、いずれ彼女を取り上げようと思う。もう一つのケースは、もっと遠く隔った祖先を——種の内部ではなく種と種の関係に目を向けて——復元することである。第一章で見てきたように、性的な混合は同一種のなかでしか起こらない。親の種が娘の種を出芽して分離すると、遺伝子の川は二つに分かれる。それらが分岐して十分に時間がたつと、おのおのの川のなかでの性的な混合は、遺伝子文書の保管を妨害するどころか、かえって種間の祖先や「いとこ」関係を復元するのに実際役に立つ。性によって証拠がめちゃめちゃになるのは、種内の「いとこ」関係に関してだけである。種間の「いとこ」関係に関しては、各個体が種全体の遺伝のよいサンプルであることを自動的に立証してくれるので役に立つのである。よくかきまぜた川から汲み上げた水はどのバケツのものでもかまわない。それはその川の水の代表だろうから。

実際、異なる種の代表から取りだしたDNA文書の逐語的な比較が行なわれて、種の系統樹の構成も成功している。ある影響力のある学派の考えによると、分岐の年代を決定することも可能だという。分岐の年代決定の可能性は「分子時計」というまだ議論の多い考え方から生まれてくる。それは遺伝子文書のいずれの部分も百万年当たり一定の割合で突然変異が起こるという仮説である。分子時計仮説については、すぐあとでもう一度取り上げる。

われわれの遺伝子文書のなかで、シトクロム（チトクロム）cと呼ばれる蛋白質を規定する「段落」は三三九文字の長さである。ヒトとそのかなり遠い「いとこ」であるウマとを分けているのは、シトクロムcの一二文字の変化である。ヒトとサル（われわれのかなり近い「いとこ」）を分けているのはシトクロムcのわずか一文字の変化であり、やはり一文字の変化がウマとロバ（ウマの非常に近い「いとこ」）を分けている。ウマとブタ（ウマのいくらか遠い「いとこ」）を分けているのは三文字の変化である。ヒトと酵母菌を分けているのは四五文字の変化であり、ブタと酵母菌を分けているのも同じ数の変化である。これらの数が同じだからといって、驚くにはあたらない。なぜなら、ヒトに通ずる川をさかのぼっていけば、ブタに通ずる川と合流するが、それはブタとヒトの共通の川が酵母菌の川と一緒になるよりもずっと最近のことだからだ。とはいえ、これらの数字にはちょっとした乱れがある。ウマと酵母菌を分けているシトクロムcの文字の変化は四五ではなくて四六である。だからといって、ウマよりブタのほうが酵母菌により近い「いとこ」だということにはならない。両者とも酵母菌との近さはまったく等しく、すべての脊椎動物――そして実にすべての動物――もそうなのである。おそらく、ウマに通ずる系統には、彼らがブタと共有するやや最近の先祖の時代以来、一つの付加的な変化が忍びこんだのであろう。それは重要なことではない。全体としてみれば、一対の生きものをへだてるシトクロムc文字の変化の数は、進化の系統樹が枝分かれパターンをとるという、先に述べた考え方から予測できることとほとんど変わらないのだ。

前述の分子時計理論では、一つの種の遺伝子文書に変化が起きる百万年当たりの割合はほぼ一定しているという。ウマと酵母菌を分けている四六個のシトクロムc文字の変化のうち、そのうちの約半数は共通の祖先から現代のウマへの進化のあいだに起こり、約半数は共通の祖先から現代の酵母菌への進化のあいだに起こったと考えられている（明らかにこの二つの進化がたどった経路が完成するまでに、何百万年単位でまったく同数の年月がかかっている）。最初のうちは、こういう想定は驚くべきことと思われる。だいたい、共通の祖先といえばウマに似るよりも酵母菌に似ていそうなものである。そのあたりを解明した次の仮説は、日本の著名な遺伝学者の木村資生（きむらもとお）が最初に主張して以来、しだいに認められるようになってきた。すなわち、遺伝子文書の大半は文書の意味に影響をおよぼすことなく、自由に変化するという。

たとえば、印刷された文章の書体を変えてみるとわかりやすい。「**ウマは哺乳類だ**」。「**酵母菌は菌類だ**」。これらの文の意味は、たとえすべての語が異なるフォントで印刷されていても、すっきりと確実に伝わってくる。分子時計は無意味なフォントの変化と同じような変化をともないながら何百万年という時を刻んでいく。自然淘汰の対象となり、ウマと酵母菌の差異を規定する変化——文の意味の変化——は、氷山の一角にすぎないのである。

分子のなかにはほかのものよりも速く進む時計をもつものがある。シトクロムcは比較的ゆっくりと進化する。およそ二五〇〇万年ごとに一文字の変化である。進化がゆっくりしている理由は、おそらく生物体の生存にとってのシトクロムcの微細構造が決定的に重要だからだろう。微細構造がきわめて重要な意味をもつような分子のほとんどは、変異すると自然淘汰の対象となる。たとえば、フィブリノペプチドと呼ばれる蛋白質のような、ほかの蛋白質は、重要なことはたしかだが、多くの変異体が同じようにうまく働く。フィブリノペプチドは血液の凝固にたずさわっているが、細部のかなりの部分が変化しても凝固性は損なわれない。このような蛋白質が突然変異を起こす率は、六〇万年に一つの変化であり、シトクロムcの場合より四〇倍も速い。したがって、フィブリノペプチドは遠い祖先を復元する役には立たないが、もっと近い祖先——たとえば哺乳類——の復元には役に立つのである。蛋白質は何百も異なった種類があり、おのおのが特有の百万年当たりの変化の割合をもつため、系統樹を再構成するうえで、それぞれ役に立つ。それらはすべてほぼ同じ系統樹をもたらす——ちなみに、進化の理論が正しいという証拠が必要だとしたら、この事実がとてもよい証拠になるだろう。

この章では、性による混合が遺伝子の歴史的な記録をめちゃめちゃにすることがわかったところから、いまの議論に入ってきて、性の影響をまぬがれられる二つの場合を検討した。そのうちの一つはいま論じたばかりだが、それは種と種のあいだでは性による混合はないという事実から出発したものだった。このことから、DNAの配列を使って、われわれがはっきり人類として識別されるようになるよりはるか以前に生きていた祖先の遠い昔の系統樹を復元できる可能性も開かれる。しかし、すでに確認したように、そこまで遠くさかのぼると、ヒトであるわれわれはどのみち同じただ一つの個体の子孫にあたることは間違いない。そこで、われわれとほかのすべてのヒトが共通の子孫であると主張できるのはどのくらい最近なのかが知りたくなる。それを発見するには、ほかの種類のＤＮＡの証拠に目を転じなければならない。そこでアフリカのイヴの登場というわけである。

アフリカのイヴはミトコンドリアのイヴと呼ばれることもある。ミトコンドリアは、われわれの細胞の一つ一つのなかに何千となく浮遊しているカプセル状の小さな細胞内小器官である。その基本構造は中空で、内部に複雑な膜構造の代謝装置をもっている。その構造から供給されるエネルギーは、ミトコンドリアの外観から予想されるよりもはるかに広い範囲に広がって、使われている。膜は化学工場の生産ライン――より正確には発電所――である。注意深くコントロールされた連鎖反応が膜にそって広がっていくが、それは人間社会のいかなる化学工場よりも多くの段階をともなう連鎖反応である。その結果、食物の分子から生まれたエネルギーが注意深く段階を追って放出され、あとで必要になればつねに体内のどこででも燃焼できるように再利用できるかたちで貯蔵される。ミトコンドリアがなければ、われわれは瞬時に死んでしまう。

それがミトコンドリアのしていることだが、だとすると、それらがどこからやってきたのかに関心がそそられる。もともと、太古の進化の歴史のなかでは、ミトコンドリアはバクテリアだった。この注目すべき学説は、最初は異端だとされていたが、マサチューセッツ大学アマースト校の尊敬すべき学者リン・マーギュリスによって提唱され、しぶしぶながらの関心をあつめ、ついにはほぼ世界的に認められるようになった。二〇億年前、ミトコンドリアの遠い祖先は自由生活をするバクテリアだった。ほかの種類のバクテリアと一緒にミトコンドリアは大きめの細胞を住み家に選んだ。その結果できた（原核の）バクテリアの共同体は、われわれが自分たちのものと自称している大きな（真核の）細胞になった。われわれ一人一人の体は、相互に依存する一〇の一四乗個の真核細胞の共同体なのである。それらの細胞の一つ一つは何千という特別に管理されたバクテリアの共同体であり、それらは細胞のなかに完全に閉じこめられたまま、バクテリアと同じように増えていく。ある試算によると、一人のヒトの体内のすべてのミトコンドリアを並べたら、それは地球を一周どころか二〇〇〇周もするという。一匹の動物あるいは一本の植物は、熱帯多雨林と同じように、いくつもの共同体が相互関係をもちながら重層的に詰まっている巨大な共同体なのである。多雨林そのものに関して言うと、おそらく一〇〇〇万種の生物体が騒然と群居する共同体であり、それぞれどの種でもすべての個体は寄生するバクテリアの共同体を内包する共同体となっている。マーギュリス博士の起源論――バクテリアが封じこまれた楽園としての細胞――は、エデンの園の物語とくらべて、たとえようもなく示唆に富むだけではなく、刺激的で高揚感をあたえる。そのうえ、ほぼ確実に真実だという長所を備えている。

ほとんどの生物学者と同じく、私もいまやマーギュリス説を真理だと考えており、この章でそれに言及するのは、ただ特別の意味合いをそこに補足したいからである。つまり、ミトコンドリア自体が自らのDNAをもっていて、それは一般のバクテリアと同じように一つの環状DNAからなる染色体なのである。さて、こうしたことのすべてから何が導きだされるかが問題である。ミトコンドリアDNAは生殖にともなう混合にはいっさい関与せず、体の主「細胞核」のDNAとも、他のミトコンドリアDNAとも混合しない。ミトコンドリアは他の多くのバクテリアと同じように、ひたすら分裂することで繁殖する。ミトコンドリアが二つの娘ミトコンドリアに分裂するときはいつも、おのおのの娘ミトコンドリアはもとの染色体と同じコピー――思いがけない突然変異はあるとしても――を受け取る。長い歴史をたどる系譜学者の観点からすると、これがいかにすばらしいことかわかっていただけると思う。すでに見てきたように、通常のDNA文書に関するかぎり、世代交替のたびに性は証拠をかきまわして、母系と父系から寄せられた文書をごちゃごちゃにしてしまう。ところが、ミトコンドリアDNAは幸いに独身主義者なのである。

われわれは母方からしかミトコンドリアを受け取らない。精子は小さすぎて二、三個以上はミトコンドリアをもつことができない。精子がもっているミトコンドリアは、卵子に向かって泳いでいくエネルギーを尻尾に供給するのが精一杯で、受精時に精子の頭が卵子に吸い込まれると、そのミトコンドリアは尻尾と一緒に捨てられてしまう。卵子のほうはそれにくらべると大きく、液体に満たされた巨大な内部構造にはミトコンドリアという豊かな栄養供給源が入っている。これが子供の体の成長因子となるのだ。だから、あなたが男であろうと女であろうと、もっているミトコンドリアはすべて母ミトコンドリアの最初の注入を受けているのである。あなたが男であろうと女であろうと、あなたのミトコンドリアはすべて母方の祖母のミトコンドリアからきている。父親からはいっさい受け取っておらず、祖父からも、父方の祖母からもまったく受け取っていない。ミトコンドリアは独立した過去の記録をなしており、四人の祖父母のそれぞれからも八人の曾祖父母のそれぞれからも伝わってきた可能性が同じようにある、主細胞核DNAとの混合による汚染を受けていない。

ミトコンドリアDNAは汚染されないが、突然変異——コピーの偶発的なエラー——をまぬがれるわけではない。実際、ミトコンドリアDNAが複製に際して突然の誤りを生じる確率は、われわれ「自身の」DNAより高い。なぜなら(すべてのバクテリアによくあることだが)、われわれの細胞が永劫ともいうべき時間をかけて進化させてきた精密な修正装置がそれにはないからである。あなたのミトコンドリアDNAと私のとは多少の差はあるだろうし、その差の数はわれわれの祖先がどれくらい以前に分岐したかを計る尺度になる。祖先の誰でもというのではなく、母方の母方のその母方……の祖先からの分岐である。あなたの母親が生粋のオーストラリア先住民だったり生粋の中国人、カラハリ砂漠に住む生粋のクン・サン族であれば、あなたのミトコンドリアDNAと私のそれとではかなり多量の差異があることだろう。あなたのミトコンドリアにおよぼす影響に関するかぎり、父親が誰であろうと問題ではなく、イギリスの侯爵でもスー族の首長でもかまわない。そして同じことが男系の祖先すべてについて言えるのである。

そうなると、家庭用聖書の正典とは別にそれと並んで伝わってきたミトコンドリアの聖書外典があるわけで、それは女系のみに伝えられてきたというすばらしい利点を備えている。これは性差別主義的な観点から言っているわけではない。それが男系のみに伝えられてきたとしても、同じようによかったのである。利点というのは、それが無傷なことであり、あらゆる世代ごとに断絶したり埋没したりしなかったことである。われわれDNA遺伝学者に必要なのは、両性ではなく首尾一貫してどちらかの性だけを経て伝わってきたものなのである。姓と同じように男系のみに伝わるY染色体でも理論的にはまったく同じようによかったのだが、それに含まれる情報が少なすぎて役に立たない。一つの種内の共通の祖先をたどるのには、ミトコンドリアという聖書外典が理想的なのである。

ミトコンドリアDNAの研究を進めたのは、カリフォルニア大学バークレー校の故アラン・ウィルソンとその仲間の研究者グループだった。一九八〇年代、ウィルソンと同僚たちは世界中から集めた生きている女性一三五人――オーストラリア先住民、ニューギニア高地人、アメリカ先住民、ヨーロッパ人、中国人およびアフリカのさまざまな民族の代表――から採取したミトコンドリアDNAの配列を調べてみた。彼らは女性たちのそれぞれの遺伝暗号の文字がどれだけちがうかを調べた。そして、これらのちがいの数をコンピュータにかけ、見つかるかぎり最もむだのない系統樹を構成するよう命じた。ここで「むだのない」というのは、偶然の一致を仮定する必要を最小限にするという意味である。これについては少し説明を要する。

先に議論したウマやブタや酵母菌におけるシトクロムc文字の配列の分析を思い出してみよう。ウマとブタのちがいはその文字のわずか三個だけのちがいだったし、ブタと酵母菌は四五個のちがい、ウマと酵母菌は四六個のちがいだった。理論的には、ウマとブタはたがいに比較的近い共通の祖先をもっているので、彼らの酵母菌との距離はまったく同じでなければならないはずだと考えた。四六個と四五個のちがいは異例であり、理想的な世界にはあるはずのないことである。それはウマになっていく過程、あるいは逆にブタになっていく過程での付加的な突然変異のせいかもしれない。

さて、ブタはウマより酵母菌のほうに近いと考えるのは、現実にはばかげているが、理論的には考えうることである。理論的には、ブタとウマが途方もない偶然の一致によってたがいの類似性（それらのシトクロムｃはわずか一つしか離れておらず、その体型も基本的にはほぼ同じ哺乳類型につくられている）を進化させたこともありえないわけではない。実際にそうは信じられない理由は、ブタとウマの類似の仕方がブタと酵母菌の類似の仕方よりもいちじるしく近いからである。実を言うと、ブタがウマよりも酵母菌のほうに近く見えるＤＮＡ文字が一個だけあるのだが、それは何百万というブタとウマの類似点に埋もれてしまう。その論拠は最節約原理〔最も少ない数の仮定で説明できるものを選ぶ〕と呼ばれるものである。ブタがウマに近いと考えると、説明の必要がある偶然の類似は、一つだけである。もしブタが酵母菌に近いと考えようとすると、それぞれが独立に獲得したいくつもの偶然の類似のあいだに途方もなく非現実的な関連を仮定しなければならなくなる。

ウマとブタと酵母菌の場合、最節約原理は圧倒的で、疑う余地はない。しかし、異なる人種のミトコンドリアＤＮＡの場合には、類似性については絶対に間違いないと言えるものは何もない。それでも、最節的原理が利用できないわけではないが、強力で決定打になるような論拠というにはほど遠く、薄弱で定量的な論拠でしかない。理論的にはここからがコンピュータの出番である。一三五人の女性を関係づける系統樹を考えられるかぎり羅列するのである。次いで、この考えられる系統樹を調べて最節約的なもの――つまり、偶然の一致による類似の数を最小限にできるもの――を選びだすのである。その点で、最も矛盾のない系統樹でも、多少の小さな偶然の一致は認めないわけにはいかない。それはちょうどＤＮＡ文字一個についてはブタがウマよりも酵母菌のほうに近いことを認めざるをえなかったのと同じである。しかし、少なくとも理論的には、コンピュータはその障害を克服して、考えうる多くの系統樹のなかからどれが最節約的で、最も偶然の一致の影響が少ないかをはじきだせるはずである。

これは理論上の話である。実際には、思わぬ障害がある。考えられる系統樹の数が、あなたや私、あるいはいかなる数学者にもとうてい想像できないほど膨大なのである。ウマとブタと酵母菌については、ありうる系統樹は三種類だけである。明らかに正しいのは、ブタとウマが最も内側の括弧に一緒におさまり、酵母菌を無関係な「外部集団」とする〔「ブタ　ウマ」酵母菌〕である。理屈のうえで考えられるあと二つの系統樹は〔［ブタ　酵母菌］ウマ〕と〔［ウマ　酵母菌］ブタ〕である。生きものをもう一つ――たとえばイカ――を加えて四つにした場合、系統樹の数は一二になる。ここに一二全部は記さないが、真の（最もむだのない）系統樹は【〔［ブタ　ウマ］イカ〕酵母菌】である。やはり、近縁のブタとウマは最も内側の括弧のなかに一緒にしっくりとおさまっている。次に、仲間入りするのはイカであり、酵母菌よりもウマ／ブタ系と最近まで共通の祖先をもっていた。ほかの一一の系統樹はどれも――たとえば〔［ブタ　イカ］［ウマ　酵母菌］〕――は明らかにむだがある。たとえブタが本当にイカとより近い「いとこ」であり、ウマが本当に酵母菌とより近い「いとこ」だとしても、ブタとウマがたがいに無関係に無数の類似点を進化させたとはとても考えられない。

三つの生きもので三つの系統樹がありえて、四つの生きものでは一二の系統樹が考えられるとしたら、一三五人の女性ではいくつの系統樹がつくれるものだろうか？その答えはあまりにとてつもない数にのぼるので、それを書きだしても意味がない。世界最大で最高速のコンピュータが考えられるすべての系統樹を記載する仕事にとりかかったとして、コンピュータがその作業で目に見えるほど前進しないうちに、世界の終末がわれわれに迫っていることだろう。

それにもかかわらず、この問題はまったく手に負えないわけではない。われわれは賢明なサンプリング法によって、とてつもない膨大な数をうまく処理するのには慣れている。アマゾン川流域に住む昆虫の数を数えることはできないが、森のいたるところから無作為に選んだ小区画が全体を代表するものと想定してサンプリング調査をし、数を算定することはできる。コンピュータには一三五人の女性を結びつけて考えうるかぎりの系統樹を調べることはむりだが、考えられるすべての系統樹のセットから無作為にサンプルを抜きだすことはできる。考えうる一〇の一五乗の系統樹の中から一つサンプルを抜きだしたときに、そのサンプルのなかの最もむだのないメンバーに共通したいくつかの特徴がかならず認められるとすれば、あらゆる系統樹のなかで最もむだのないものはおそらく同じ特徴をもっていると結論してもよいだろう。

これが研究者たちの行なったことである。だが、どれが最善の方法かは、かならずしも明白ではない。ブラジルの熱帯多雨林をサンプル調査する最も典型的な方法について、昆虫学者の意見が一致しないのとまったく同じように、異なるサンプリング方法を選ぶDNA遺伝学者がいる。そして、残念ながら、結果はいつも一致するわけではない。それにもかかわらず、それなりの価値をもつものとして、私はヒトのミトコンドリアDNAについてバークレー・グループが独創的な分析によって達した結論を紹介しようと思う。彼らの結論はきわめて興味深く、かつ刺激的だった。それによると、最節約的な系統樹はアフリカにしっかりと根をおろしていた。これが何を意味するかというと、一部のアフリカ人は、ほかのアフリカ人との類縁が、世界中の他の地域のどの民族とよりも遠いということである。世界の他の地域の人びと全体――ヨーロッパ人、アメリカ先住民、オーストラリア先住民、中国人、ニューギニア人、イヌイット人などすべての人びと――は、一つの比較的緊密なグループを形成している。アフリカ人の一部はこの緊密なグループに属するのである。だが、それ以外のアフリカ人はちがう。この分析によると、最節約的な系統樹はこういうことになる。【一部のアフリカ人〔ほかのアフリカ人〔さらにほかのアフリカ人とそれ以外のすべてのヒト〕〕】。そこでバークレー・グループはわれわれすべての大祖先はアフリカに生きていた、すなわち「アフリカのイヴ」であると結論した。前述したように、この結論にはいろいろ異論が出されている。別の研究者グループは、同じようにむだのない樹で最も外側の枝分かれがアフリカ以外のところで起こっているのが見つかると主張している。さらに、バークレー・グループの算定が特別な結果になったのは、彼らのコンピュータが考えられる系統樹を調べる順序に一因があるとも主張している。もちろん、調べる順序が問題になっては困る。おそらくほとんどの専門家はそれでもミトコンドリアのイヴがアフリカ人であるほうに賭けるだろうけれど、絶大な自信をもってというわけにはいかないだろう。

バークレー・グループの第二の結論には、それほど異論はない。ミトコンドリアのイヴが生きていた場所がどこにせよ、それがいつごろのことかを推定することはできた。ミトコンドリアDNAの進化がどれくらい速いかはわかっている。したがって、ミトコンドリアDNAの分化を示す樹の各分岐点のおよその年代を決めることができる。すると全女人類を統合する分岐点——ミトコンドリアのイヴの誕生日——は、一五万年ないし二五万年前ということになる。

ミトコンドリアのイヴがアフリカ人だったかどうかはともかく、別の意味でわれわれの祖先がアフリカからやってきたことは疑いもなく真実である。こう言うと混乱しそうなので、まず整理することが肝要である。ミトコンドリアのイヴはすべての現生人類の最も新しい祖先である。彼女はホモ・サピエンスという種の一員だった。もっとはるかに古い原人やホモ・エレクトスの化石はアフリカはもとより、それ以外の地域でも発見されている。ホモ・ハビリスやアウストラロピテクスのさまざまな種のように、ホモ・エレクトスよりもっと遠い祖先の化石はアフリカでしか発見されていない。だから、もしわれわれが二五万年前ごろにアフリカから四方に離散（ディアスポラ）したものの子孫だとするなら、それは二回目のアフリカからの離散だということになる。もっと以前、おそらく一五〇万年前に大脱出があって、そのときにホモ・エレクトスはアフリカからあてもなくさまよいでて、中東やアジアの各地に移住したのだ。アフリカのイヴ説は、これらの大昔のアジア人が存在しなかったと主張しているのではなく、彼らが生きのびる子孫を残していないと主張しているのである。どちらの観点から眺めても、二〇〇万年前までさかのぼれば、われわれはつまるところ、アフリカ人なのである。アフリカのイヴ説はそれに加えて、わずか数十万年前までさかのぼると、現在生きているわれわれ人類はみなアフリカ人であると主張しているのだ。新しい証拠が支持してくれるなら、あらゆる現代のミトコンドリアDNAをたどってアフリカ以外の地の祖先（「アジアのイヴ」）を突きとめることが可能だろうし、同時にもっと遠い祖先はアフリカでしか発見できないことで意見の一致をみることもできるだろう。

さしあたり、バークレー・グループが正しいと仮定して、彼らの結論が何を意味し、何を意味していないかを検証してみよう。「イヴ」という愛称は、好ましくない結果を招いた。イヴに夢中になったあまり、彼女は孤独な女性、地上でただ一人の女性であり、遺伝学上の究極の隘路であり、創世記を立証するとまで考える人びとがあらわれたのである！　これはまったくの誤解である。正しい主張は彼女が地上でただ一人の女性ということでもないし、その時期の人口があまり多くなかったということでもない。彼女には男の仲間も女の仲間もいて、彼らの数は多く、しかも多産だったかもしれない。さらに、この仲間たちには、今日生きている無数の子孫がいるかもしれない。だが、彼らのミトコンドリアの子孫はすべて死にはてている。なぜなら、それらをわれわれとつなぐ鎖はある時点で雄を素通りしてしまうからである。同じように、貴族の姓（姓は男つまりY染色体に連関したもので、ミトコンドリアとまさに対照的に男系を通じてのみ伝えられる）も消滅することはあるが、その姓の所有者に子孫がいないということではない。彼らは男系のみという筋道とは別の筋道に無数の子孫をもっているかもしれない。そんなわけで、正しい主張は、ミトコンドリアのイヴは女系のみを通してあらゆる原生人類の祖先と言える最も年代の新しい女性だということである。こうした主張があてはまる女性が一人はいなくてはならない。唯一の議論は、彼女が生きた場所がどこか、また生きた時代がいつなのかにかかわっている。彼女がいつかどこかで生きていたことはたしかなのだ。

次にあげる第二の誤解は、より一般的で、ミトコンドリアDNAの分野を研究する指導的な研究者ですらおちいっているようだ。すなわち、ミトコンドリアのイヴはわれわれに共通の最も近い祖先だとする考え方である。それは「最も近い共通の祖先」と「純粋に女系の、最も近い共通の祖先」との混同からきている。ミトコンドリアのイヴは純粋に女系の、われわれの最も近い共通の祖先ではあるが、女系以外の道筋で子孫になる方法はほかにもたくさんある。何百万とあるのだ。祖先の数を試算したのをふりかえってみよう（ただし、そのときの議論のポイントだった、「いとこ」同士の結婚という複雑な問題は忘れて）。あなたには八人の曾祖父母がいるけれど、純粋に女系なのはそのうちの一人だけしかいない。一六人の曾曾祖父母がいるが、純粋に女系なのはそのうちの一人だけしかいない。「いとこ」同士の結婚で一定の世代の祖先の数が減ることを考慮に入れても、祖先になる道は女系だけの場合よりはるかに多いことはたしかである。われわれの遺伝子の川を遠い大昔までさかのぼっていけば、おそらく大勢のイヴやアダム――一九九五年に生きている人びとの祖先だと言ってよい、焦点にあたる女や男――がいたのだ。ミトコンドリアのイヴはそのなかの一人にすぎない。こういった無数のイヴやアダムのなかでミトコンドリアのイヴが最も近い祖先だと考える特別な理由はないのである。それどころか、彼女には特別な限定がついている。われわれは彼女を出発点として特別な道筋を経て川をくだってきたのである。女系のみという道筋と平行して非常に膨大な道筋がありうるので、ミトコンドリアのイヴが多くのイヴとアダムのなかで最も近い祖先である可能性は数学的にきわめて薄い。一つの点で（女系のみということ）、それは数多くの筋道のなかで特別なのである。もしそれが、別の点（最も近い祖先だということ）で、数多くの筋道のなかで特別だとすれば、驚くべき偶然の一致というべきだろう。

もう一つ、いささか興味深い点は、われわれの最も近い共通の祖先がイヴよりもアダムだった可能性がいく分高いことだ。単に、男性が何百いや何千もの子供をもつ肉体的な能力があるという点から考えただけでも、女性のハーレムのほうが男性のハーレムよりもできる可能性が大きい。『ギネスブック』では血に飢えたモレー・イシュマエルが達成した一〇〇〇人の子供を世界記録としている（ちなみに、モレー・イシュマエルはフェミニストたちからあまねく不愉快なマッチョのシンボルとされても当然であろう。彼が馬に乗るときは、剣を抜きざま鞍に飛び乗ると同時に、轡を押さえていた奴隷の首をはねて、素早く手綱を放させたという。これは信じがたいが、その伝説が、自分の手で一万人もの人間を殺したという噂とともにわれわれの時代まで伝わってきたという事実は、このタイプの男たちのあいだで称賛された資質がどんなものだったかを示唆している）。女性はたとえ理想的な条件がそろっていても、二〇人以上の子供をもつことはありえない。女性のほうが男性よりも平均した数の子供をもつ可能性が高い。小数の男性たちがこっけいなほど貪欲に子供を欲しがるだろうが、それはとりもなおさず、ほかの男性たちが一人も子供をもてないということを意味する。まったく生殖できないものがいるとすれば、それは女性よりは男性になりそうだ。また、不釣り合いに大勢の子孫ができるものがいるとすれば、それも男性になりそうだ。これは全人類の最も近い共通の祖先にもあてはまるから、それはイヴではなくアダムだった可能性が高い。極端な例をとれば、現在のモロッコ人すべての祖先として可能性が高いのは、血に飢えたモレー・イシュマエルだろうか、それともその不幸なハーレムにいた女性の誰かだろうか？

われわれは次のような結論に達することができそうである。第一に、ミトコンドリアのイヴと呼んでもよさそうな一人の女性がいたことはまぎれもなく確かであり、彼女は女系だけの道筋を通じてあらゆる現生人類の最も近い共通の祖先である。第二に、性はさだかではないが、焦点にあたる祖先と言える一人の人間がいたこともたしかであり、その人物はいずれかの道筋をたどってあらゆる現生人類の最も近い共通の祖先である。第三にミトコンドリアのイヴと焦点にあたる祖先が同一である可能性がないではないが、そうである可能性は薄く、ほとんどなきにひとしい。第四に焦点にあたる祖先は、女性ではなく、男性である可能性がやや高い。第五にミトコンドリアのイヴが生きていたのは、いまを去ること二五万年たらず前である可能性が非常に高い。第六にミトコンドリアのイヴが生きていた場所については意見が一致していないが、事実にもとづく意見は、いまだにアフリカ説に傾いている。第五と第六の結論だけは科学的な証拠にもとづく検証によって決まる。その前の四つはすべて、一般的な知識による机上の推論でも解決できる。

ところで、私は先に祖先は生命そのものを理解する鍵だと述べた。アフリカのイヴの話は、壮大でたとえようもないほど太古の叙事詩のなかのごく小さなヒトという小宇宙である。ここでふたたび遺伝子の川、われわれのエデンより流れ出る川という比喩に頼るほかないのだが、今度は数千年前の伝説上のイヴとか数十万年前のアフリカのイヴとは桁ちがいに大きなタイムスケールでその川をさかのぼることになる。DNAの川は三〇億年以上のタイムスパンで途切れることのない川筋を描きながら、われわれの祖先のあいだを流れてきているのである。

3　ひそかに改良をなせ

創造説は久しく人びとを魅了してきたが、その理由を見つけるのは難しいことではない。少なくとも私の出会うほとんどの人びとにとっては、創世記や他の部族の創世物語を文字通りの真実として信じきっているからではない。むしろ、生きている世界の美しさや複雑さに自ら気づいて、それは「明らかに」「神によって」設計されたものにちがいないと結論したというのが理由である。創造説支持者のなかでも、ダーウィンの進化論が少なくとも自分たちの信じる聖書に書かれた説に取って代わる理論を提供していると認識する人びとは、しばしばやや手のこんだ反論をする。彼らは進化に中間的な段階のある可能性を否定する。そして「Xは造物主によってつくられたにちがいない」と言い、「なぜなら半分できかけのXなどというものはまったく意味がないからだ。Xの各部分はすべて同時につくられたにちがいない。徐々に進化してきたなどということはありえない」と言う。たとえば、私がこの章を書きはじめた日に、たまたま一通の手紙が届いた。手紙の主はそれまでは無神論者だったのに、『ナショナル・ジオグラフィック』の記事を読んで回心したアメリカ人聖職者だった。ここにその一部を抜粋してみよう。

それはランがうまく繁殖するためにとげた環境への驚くべき適応ぶりに関する記事でした。読んでいて、ことに興味をそそられたのは、ある種のランにおける雄バチ〔ジガバチやヒメバチなどの狩りバチ類〕を巻き込んでの生殖戦略です。明らかにその花は、適切な位置に開口部をもつことを含めて、この種のハチの雌に酷似しており、そのため、雄バチはこの花と交尾しようとして、花粉に触れるのです。ハチがとなりの花へと飛ぶと同じプロセスが繰り返され、こうして他家受粉が起こるのです。そもそも何によってハチを引きつけているかといえば、その種のハチの雌が発散するのと同じフェロモン〔昆虫がつくる特別な化学物質で、異性を誘引するうえで重要な働きをする〕をランが発散しているからでした。何となく興味を覚えて、私は少しのあいだ添えられた写真にじっくりと目をこらしました。それから電撃的なショックとともに、かりにもこうした生殖戦略がうまく機能するためには、それは最初から完璧でなければならなかったことに思いいたったのです。漸進的な進歩では説明がつきません。なぜなら、もしランが雌バチに姿と匂いが似ていなければ、また雄バチの生殖器官がぴったり花粉に届く位置に、交尾に適した開口部をもっていなければ、その戦略はまったく失敗に終わったでしょうから。

そのときに覚えた圧倒的な虚脱感を決して忘れることはないでしょう。なぜなら、その瞬間に、ある種の神が何らかのかたちで存在し、物事が生じる過程とつねに関係しているにちがいないことが明らかになったからです。要するに、造物主なる神は、大洪水以前の神話のたぐいではなく、現実に存在する何かだということです。そして、まったくしぶしぶながら、神についてもっと知ろうとしなければならないことを、一瞬のうちにさとったのでした。

もちろん、この聖職者とは異なる経路をたどって宗教に向かう人もいるが、多くの人びとがこの聖職者（その身元は明かさないのが礼儀だと思う）の人生を変えさせたのと似たような経験をしていることはたしかである。彼らは自然の驚異を目のあたりにしたか、あるいはそれについて読んだのである。たいてい、彼らはあふれんばかりの畏怖や驚嘆の念から畏敬するようになるのだ。もっとはっきりいえば、彼らは例の聖職者と同じように、この特別な自然現象――クモの巣、ワシの眼や翼、そのほか何にせよ――の進化が漸進的に進んだはずがないという判断を下したのである。なぜなら、中間的な、半分できかけの段階では何の役にも立たないからだ。この章の目的は、複雑な装置が何らかの功を奏するためには完璧でなければならないという主張を論破することである。偶然ながら、ランはチャールズ・ダーウィンのお気にいりの例であり、自然淘汰による漸進的な進化という原理が「ランが昆虫によって受精するさまざまな装置」の解明という試練にも立派に耐えることを示すために、本を一冊書いているのである。

例の聖職者の主張の鍵は、「かりにもこうした生殖戦略がうまく機能するためには、それは最初から完璧でなければならなかった。漸進的な進化では説明がつかない」という点にある。同じ議論が眼の進化についてもできる――しばしばなされてきた――ので、それについてはのちにまた触れようと思う。

こうした主張を耳にするたびに私が感銘を受けるのは、それを主張する人の確信の強さである。例の聖職者にこうたずねてみたい。ハチに擬態しているラン（あるいは眼、あるいはほかの何にせよ）は、すべての部分が完璧で正しい位置にないかぎり効き目がないと、どうしてそれほど自信をもって言えるのですか？　実際、その問題についてほんの一瞬でも考えてみたことがあるのですか？　ランやハチについて、あるいはハチが雌やランを眺める眼について、基本的なことを実際に知っているのですか？何を根拠に、ハチはひどくだましにくくて、ランの擬態が効果をあげるにはあらゆる点から完璧でなければならないはずだと断言できるのですか？

あなたが偶然の空似でだまされた最も最近の例を思い返してほしい。たぶん、通りで赤の他人を知人と勘ちがいして会釈したことがあるはずだ。映画スターには自分のかわりに馬から転げ落ちたり、絶壁を飛び降りるスタントマンもしくはスタントウーマンがいる。通常、スタントマンはごく表面的に映画スターと似ているだけだが、ちらっという間にすぎるアクション場面では十分に観客の眼をごまかせる。人間の男は雑誌の写真でも情欲をかきたてられる。写真は紙の上の印刷インキにすぎない。それは二次元であって三次元ではない。写真の姿はせいぜい数インチぐらいしかない。実物そっくりの描写ではなく、さっと描いただけの粗い戯画の場合もあるだろう。それでも、男を勃起させることができる。たぶん、飛びまわる雄バチにとって、雌と交尾しようとする前に入手が期待できる情報は、かすめるように眼にうつる雌の姿だけなのである。たぶん、雄バチは、いずれにせよ、ごくわずかな鍵刺激〔行動や反応を引き起こす刺激のなかで、本当の意味で引き金となる要素〕のみに注意を払うのだろう。

ハチはヒトよりもだまされやすいと考える根拠は十分にある。魚類はハチより大きい脳とよい眼をもっているにもかかわらず、たとえばトゲウオはたしかにヒトよりもだまされやすい。雄のトゲウオは赤い腹をしていて、ほかの雄を脅かすだけでなく、赤い「腹」をした粗製の擬製品（ダミー）をも脅かそうとする。私の恩師でノーベル賞を受賞した動物行動学者ニコ・ティンバーゲンがしてくれた有名な話がある。彼の研究室の窓のそばを赤い郵便車が通り過ぎると、雄のトゲウオたちがいっせいに水槽の窓際に殺到して、威勢よく郵便車を威嚇したという。卵をはらんだ雌のトゲウオは腹部がめだってふくれている。ティンバーゲンの発見によると、雑に引き伸ばしただけで「腹部」をよくふくらませた銀色のダミーは、われわれの眼にはとてもトゲウオとは見えないが、雄たちに完全な交尾行動をうながした。ティンバーゲンが創設した研究室で行なわれたもっと最近の実験では、いわゆるセックス爆弾——洋梨型の物体で丸みは似せてあるが、細長くはなく、人間がどう想像力をはたらかせても魚に似ているとは思えない物体——は、さらにいっそう効果的に雄のトゲウオの性欲を高めた。トゲウオの「セックス爆弾」は超正常刺激——本物以上に刺激的なもの——の古典的な一例である。ティンバーゲンはもう一つの例として、ダチョウの卵を抱こうとするミヤコドリの写真を発表した。鳥類は魚類より——ましてや、ハチより——大きな脳とすぐれた眼をもっている。それでも、ミヤコドリはどうやらダチョウの卵大の卵が抱くには最高だと

「考える」らしい。

カモメやガンをはじめ、地上に巣をつくる鳥は、巣から転がりだした卵に決まった反応をする。彼らは首を伸ばし、嘴の下側で卵を転がして近寄せようとする。ティンバーゲンと学生たちはカモメが自分の卵ばかりかニワトリの卵や木製の筒、キャンパーが捨てていったココアの缶にも同じことをするのを実験で明らかにした。セグロカモメの雛は餌を親にねだって手に入れる。彼らは親鳥の嘴の赤い点をつついて刺激し、ふくらんだ餌袋から魚を吐きもどさせる。ティンバーゲンの同僚たちはボール紙で雑につくった親鳥の頭のダミーが、雛たちにおねだり行動を誘発するのにきわめて効果的なことを示した。本当に必要なのは赤い点だけなのだ。カモメの雛に関するかぎり、親は赤い点なのである。もちろん親の他の部分もよく見えるのかもしれないが、それは重要ではないらしい。

限定的な視力はカモメの雛にかぎったことではない。ユリカモメの成鳥はその黒い顔面が非常に目立つ。ティンバーゲンの弟子のロバート・マッシュは、これが他の成鳥にどんな重要性をもつかを調べるため、木製のカモメの頭のダミーに絵具をぬり、箱のなかの電気モーターに接続した竿の先端にその頭を一つずつ固定させた。リモートコントロールで頭を上下左右に動かせるようにしたのである。彼は箱をカモメの巣の近くに埋めて、頭が見えないように砂の下に隠した。それから毎日、彼は巣の近くの隠れ場所にでかけていっては頭のダミーを砂からもち上げ、向きを変えて、巣の鳥たちの反応を観察した。鳥たちは頭のダミーにも、その左右の動きにも、まるでそれが本物のカモメであるかのように、反応した。木の竿に固定した頭部の模型で、身体も足も翼も尾もなければ、声もださず、上下左右に動くだけで、実物とは似ても似つかぬロボットのような動きしかしなかったにもかかわらずである。ユリカモメにとっては、脅威となる隣人は身体のない黒い顔だけということのようだ。身体も翼もその他いっさいは無関係らしい。

鳥を観察しに隠れ場所に入りこむために、マッシュは昔から鳥類学者がしてきたように、よく知られている鳥の神経系の限界を利用した。鳥類は天性の数学者ではないということである。隠れ場所に二人で入っていき、一人だけそこを離れる。そうした計略を使わなければ、鳥たちは誰かが入っていったことを「知っている」ので、隠れ場所に用心する。だが一人の人物がでていくのを見ると、彼らは二人ともでていったと「思いこむ」のである。鳥に一人と二人のちがいがわからないとしたら、雄バチが雌に完全に似ているとはいえないランにだまされるのは、それほど驚くべきことだろうか？

もう一つ、それに似た鳥の話があるが、こちらは悲劇的である。母シチメンチョウは雛を猛然と守ろうとする。彼らはイタチや腐食をあさるネズミなど、巣を襲撃する天敵から雛たちを守らなければならない。だが母シチメンチョウが巣盗人を認識するのに使う経験的なやりかたは、あされるほどぞんざいなものだ。巣の近くで動くものは何であれ、雛のシチメンチョウのような音をたてないかぎり、攻撃するのである。これを発見したのはオーストリアの動物学者ウォルフガング・シュライトだった。シュライトがかつて飼っていた母シチメンチョウが自らの雛を残らず虐殺したのである。理由はいたましいほど単純である。彼女は耳が聞こえなかったのだ。シチメンチョウの神経系に関するかぎり、捕食者の定義は雛の泣き声を発さずに動く物体である。外観も動き方もいかにも雛シチメンチョウらしく、そしていかにも雛シチメンチョウらしく信頼しきったようすで母親のほうへかけ寄った雛シチメンチョウは、母シチメンチョウの「捕食者」の明確な定義の犠牲になった。彼女は自分の子供を守るつもりで自分自身の子供を攻撃し、彼らをすべて虐殺してしまったのだ。

シチメンチョウの悲劇の昆虫版とでもいうべきものもある。ミツバチの触角の感覚細胞の一部は、ただ一つの化学物質オレイン酸だけに感受性をもつ（ほかの化学物質に感受性をもつ他の細胞もある）。腐りかけたミツバチの死骸から発散されるオレイン酸に、ミツバチは「葬儀屋行動」を誘発されて巣から死骸を取り除く。実験者が一滴のオレイン酸を生きているミツバチに塗ると、あわれなこの生きものは、見るからに元気がよく、蹴ったりもがいたりしているのに、引きずりだされ、死んだミツバチと一緒に捨てられてしまう。

昆虫の脳はシチメンチョウの脳やヒトの脳よりもはるかに小さい。昆虫の眼は、トンボの大きな複眼でさえわれわれや鳥の眼とは比較にならないほど視力に乏しい。それとはまったく別に、昆虫の眼は外界の見え方がわれわれとはまったくちがうことが知られている。オーストリアのすぐれた動物学者カール・フォン・フリッシュは、若いころ、昆虫には赤い光が見えないが、われわれに見えない紫外線は見える——しかもその波長独特の色として見える——ことを発見した。昆虫の眼がもっぱら見るのは「フリッカー」（明滅）と呼ばれるもので、それは部分的に——少なくともすばやく動く昆虫にとっては——われわれが「かたち」と呼んでいるもののかわりになるらしい。木から垂れ下ってひらひらと動く枯葉に雄のチョウが「求愛」することが観察されている。われわれは雌のチョウを二枚の大きな羽を上下に動かしているというふうに見る。雄のチョウは彼女を「フリッカー」のかたまりとして見て、求愛するのである。明滅する動かずにただ明滅するだけのストロボで雄のチョウをだますこともできる。

速度さえ適切であれば、彼はそれをその速度で羽を上下させるもう一匹のチョウのように扱う。また、縞模様はわれわれにとって静止した模様である。そのそばをかすめるように飛ぶ昆虫にとって、それは「フリッカー」に見え、正しい速度で明滅するストロボとそっくりに見える。昆虫の眼を通して見える外界はわれわれにはきわめて異質であるから、ランが雌バチをどれほど「完璧に」真似る必要があるかを論ずるときに、われわれ自身の経験にもとづいた発言は、人間の憶測の域を越えない。

狩りバチ類は、古典的な実験の対象であり、それはフランスの偉大な博物学者ジャン・アンリ・ファーブルによって始められ、その後ティンバーゲン派を含めてさまざまな研究者によって繰り返されてきた。雌のジガバチは、針で刺して麻痺した獲物を自分の巣穴まで運んでくると、それを巣穴の外に置いて自分だけなかに入り、内部が万事きちんとしているかどうか点検するらしく、それから外にでてきて獲物をなかに引きずりこむ習性がある。彼女が巣穴に入っているあいだに、実験者は獲物を元の位置から数インチ離しておく。ジガバチは巣穴からでてくると、獲物のないのに気づき、いそいで獲物のありかを突きとめると、巣穴の入り口まで引きずってくる。先ほど巣穴の内部を点検してからほんの数秒しかたっていない。われわれの考えでは、彼女がそのままお決まりの手順をすすめて、獲物をなかに引きずりこみ、一件落着としていけない理由は何もない。ところが、彼女のプログラムは初期の状態にリセットされている。そして、律儀にも獲物をまたしても巣穴の外に置いて、なかに入り、もう一度点検するのである。実験者はこのおかしなゲームを四〇回も、うんざりするまで繰り返すことができる。ジガバチはまるで、プログラムの初期状態にセットしなおされた洗濯機のように行動し、すでに衣類の洗濯を休まず四〇回もしたことがわからない。卓越したコンピュータ科学者ダグラス・ホフスタッターは、そのような融通性も思慮もない自動的行動を分類するのに、「スフェキッシュ」(sphexish) という新しい形容詞を採用した（*sphex*〔アナバチ〕はジガバチ類の代表的な属の名前である）。こうして見てくると、少なくともいくつかの点で、ハチの類はだましやすい。ランが巧みに実行しているのとはかなり種類の異なるだまし方ではある。それでも、われわれは人間の直感をはたらかせて「かりにも生殖戦略がうまく機能するためには、それは最初から完璧でなければならなかった」と結論を下すことについては用心しなければならない。

ここまで、あまりにも手際よく説明したため、ハチはだましやすいのだと読者に信じこませてしまったかもしれない。その結果、読者は例の手紙をくれた聖職者とはほぼ正反対の疑いをいだきはじめているのではなかろうか。もし昆虫の視力がそれほど弱く、ハチがそんなにだまされやすいのなら、なぜランはわざわざ花をあれほどまでハチに似せるのだろうか、と。実は、ハチの視力はかならずしもそんなに悪くはないのである。ハチでも非常にはっきりとものが見える状況がある。たとえば、彼らが長い狩猟飛行のあとで巣穴を探しあてるときである。ティンバーゲンはジガバチの一種でミツバチを狩るツチスガリモドキ（*Philanthus*）でこれを研究した。彼はこのハチが巣穴に落ち着くまで待った。ハチがまたでてこないうちに、ティンバーゲンは急いで巣穴の入口のまわりにいくつかの「目印」――たとえば小枝や松傘――を置いた。それから身を隠してハチが飛びだすのを待つのである。ハチは巣穴から飛びだすと、あたかもそのあたりの様子を頭に写しとっているかのように、二度か三度、巣穴の周囲を旋回し、それから獲物を探しに飛び去った。ハチがいないあいだに、ティンバーゲンは小枝と松傘を二、三フィート移動させた。戻ってきたハチは巣穴の位置がわからず、かわりに小枝と松傘の新しい位置との関係で目星をつけた場所の砂に飛びこんだ。またもや、ハチはある意味で「だまされた」わけだが、今回はその眼のよさでわれわれを感心させる。「頭に写しとる」ことこそ、まさにこのハチが予備的な旋回飛行でしていたことなのだ。ハチが認識していたのは、小枝と松傘のパターンすなわち「ゲシュタルト」（形態）だったらしい。ティンバーゲンは松傘をリング状に並べるなど、さまざまに目印を変えて、何度もこの実験を繰り返し、一貫して同じ結果を得た。

以下は、ティンバーゲンの弟子ゲラルト・バーエレンツの実験で、ファーブルの「洗濯機」実験とみごとな対照をなしている。バーエレンツが使ったのはジガバチ属のなかの *Ammophila campestris* という種（これもファーブルによって研究されている）で、「連続的な給餌をする虫」である点が珍しい。ほとんどのジガバチは巣穴に食料を備蓄しておいて卵を産み、それから巣穴の入り口に封をして幼虫が自力で餌を食べるにまかせておく。だが、このジガバチはちがう。鳥のように毎日巣穴に戻っては幼虫の健康状態を点検し、必要に応じて餌を食べさせるのである。そこまではとくに驚くべきことではないが、このハチはいつでも二つないし三つの巣穴をかけもちで世話をする。一つの巣穴には比較的大きな、ほとんど成長した幼虫が、もう一つには小さくて生まれたばかりの幼虫、そしておそらくもう一つには日齢も大きさも中ぐらいの幼虫が入っている。三者は、当然ながら餌の必要量が異なるので、母バチはそれに応じて世話をする。巣の中身を交換することも含めて、骨の折れる一連の実験で、バーエレンツは母バチが実際に巣による餌の必要量に注意していることを証明してみせた。一見、この行動は頭のよいしるしと思われるが、バーエレンツはそれには奇妙な矛盾があって、頭がよくないことでもあるのに気づいた。母バチは毎朝一番に、活動中の巣を全部一巡して点検する。母バチが調べるのも、その日の彼女の配給行動に影響をおよぼすのも、明け方の点検時の巣の状態である。バーエレンツは明け方の点検のあと、好きなだけ巣の中身を交換することができたが、母バチの給餌行動にはまったく影響がなかった。まるで彼女が巣穴評定装置のスイッチを明け方の巡視のあいだだけ入れておき、あとは一日中電気の節約のためにスイッチを切っているかのようであった。

他方、この話は、この母バチの頭のなかには数を算え、測定し、さらには計算までする精巧な装置があることを示唆している。こうしてみると、ハチの脳が実際には、ランと雌が極度に微細な点まで類似している場合にだけだまされることを容易に信じられる。しかし、それと同時に、バーエレンツの話は、「洗濯機」実験とまったく同質の視覚的な選択能力の欠如とだまされやすさという可能性もあることを示唆しており、ランの花と雌もあらまし似ているだけで十分ではないかと考えることができそうだ。これによってわれわれが学ぶべき一般的な教訓は、そうした事柄を評価するときに決して人間の判断に頼ってはいけないということだろう。「これこれしかじかは漸進的な自然淘汰で進化したと信ずることはできない」などと決して言ってはならないし、そう言う人の言葉をまじめに受け取ってはいけないのである。私はこの種の誤った考えを「個人的な懐疑心にもとづく主張」と名づけている。しばしばそれは思いがけない知的な落し穴にはまる前兆であることが立証されている。

私が論破しようとしているのは、次のような主張である。すなわち、これこれの進化が漸進的に起こったはずはない、なぜならこれこれは少しでもうまく機能するためには「明らかに」完璧にできあがっていなければならないからだというものだ。これにたいする答えとして、これまで私はハチなどの動物がわれわれとは全く異なった視覚の世界をもつという事実、さらにはいずれにせよ、われわれ自身も簡単にだまされてしまうという事実を強調してきた。だが、説得力がさらに強くてもっと一般的な論拠がほかにもあり、それをここで展開してみたいと思う。手紙をくれた聖職者がハチに擬態したランについて述べたように、ともかくも機能するためには完璧でなければならない装置にたいし、「脆い」(brittle)という言葉を使ってみよう。私の思うに、議論の余地なく「脆い」装置を実際にはなかなか思い浮かべられないことには意味がある。飛行機は脆くはない。なぜなら、われわれは無数の部品が完全に整備された完璧なボーイング747に自分の生命を預けたいとは思うが、飛行機はエンジンの一つか二つといった装備の主要部品を失ってもまだ飛ぶことができるからだ。顕微鏡は脆くはない。なぜなら、質のよくないものは、像がぼやけたり明るさが足りなかったりするが、それでも顕微鏡が全くない場合よりは小さな物体を見ることができるからである。ラジオは脆くはない。何らかの欠陥があれば、性能が落ち、音が小さくて歪むかもしれないが、それでも言葉の意味は理解できるからである。私は一〇分ほど前から窓の外を見つめながら、これぞ脆い人工装置の見本というような例をただ一つでも思い浮かべようとしていた。そして一つだけ考えついた。アーチである。アーチは、いったん両側が合体してしまえば非常に堅固で安定するが、合体する前はどちらの側も自力では全く立てないという意味で、ある種の脆さをもつと言えるだろう。アーチを築くには何らかの支柱が必要である。支柱はアーチが完成するまでの一時的な支えとなる。のちに、それは取り外されて、アーチは長きにわたって安定していられる。

人間のテクノロジーでは、ある装置が原理的に脆いものであってはならないという理由はない。エンジニアは製図台の上で、半完成品ではまったく機能しない装置を自由に設計できる。しかし、エンジニアリングの分野でも、純粋に脆い装置を見つけるのはほとんど不可能である。生きた装置ではなおさら難しいと思う。創造説の信者たちが宣伝にこれつとめる生きものの世界の脆い装置と称するものをいくつか眺めてみよう。ハチとランの例は擬態という魅惑的な現象の一例にすぎない。多くの動物や植物がほかのもの、しばしばほかの動物や植物と似ていることで恩恵をこうむっている。

生命のほぼすべての局面が、どこかで擬態によって利益を得たり、逆に利益を得られなかったりしている。獲物の捕食（日光がまだらに射しこむ林地ではトラやヒョウが獲物に忍び寄ってもほとんど眼につかない。背景の海底にそっくりのチョウチンアンコウは、ゴカイに似せた餌を先につけた長い「釣り竿」で獲物を誘う。魔性の女（フェムス・ファタリス）と呼ばれる雌のホタル（*photuris*属）は、他の種の求愛閃光をまねて、雄をひきつけておいて食べてしまう。鋭い歯をもつイソギンポは、大型の魚をきれいにするのを専門とする他の種の魚をまねて、いったんそばに近づく特権を手に入れるや、お得意さんの鰭に食らいつく）、食われることの回避（獲物にされそうな動物は、木の皮や小枝、緑色の若葉、めくれた枯葉、花、バラの棘、海藻、石ころ、鳥の糞、有毒もしくは有害として知られている他の動物など、さまざまな擬態を取る）、捕食者を雛から引き離すためのおとり役（セイタカシギ類をはじめ、地上に巣をつくる多くの鳥が翼の折れた鳥の身振りや足運びをまねする）、卵の世話をさせるようにする（カッコウの卵は宿主となる特定の種の卵に似ている。ある種の口内哺育魚（マウスブリーダー）の雌は卵や稚魚を口のなかで養う雄を誘いよせるために腹部に卵の模様をもっている）など、どれも擬態による得失がからんでいるのである。

こうした例のすべてで、擬態は完全でなければうまく機能しないと考えたくなる。

ハチとランという特殊なケースでは、私はハチをはじめとする擬態の犠牲者の視力の不完全さを強調した。実際、ハチやハエへのランの似せ具合は、私の眼にはそれほど並外れたものではない。コノハムシの木の葉との似せかたのほうが私の眼にははるかに正確に見える。おそらく私の眼が木の葉の擬態者があざむこうとしている捕食者（おそらく鳥）の眼によく似ているせいであろう。

しかし、もっと一般的な意味で、ともかくも機能するためには擬態は完全でなくてはならないというのは誤りである。捕食者の眼がいかによくても、ものを見る場合の状況はかならずしも完璧ではない。さらに言うと、ものを見る状況には非常に悪いものから非常に良いものまで連続性があるのは避けられない。あなたがとてもよく知っていて、絶対に他のものと見間違えようがないものを思い浮かべてほしい。あるいはある人物——たとえば、他の誰かと間違えることなどありえないほど、よく知っている大切な親友——を思い浮かべてほしい。その人物がずっと遠くから歩いてくると想像しよう。あまり遠く離れていては、その人はまったく見えないし、すぐそばまで近づけば、顔つきの一つ一つ、睫毛の一本一本、毛穴の一つ一つまで見えるにちがいない。中間の距離では、そのように突然見えかたが変わることはない。識別の可能性には漸進的なフェードインとフェードアウトがあるのだ。「二〇〇ヤード離れると、身体の各部分がはっきりと見える。三〇〇ヤードでは顔の輪郭がぼやける。四〇〇ヤードでは、顔が見えない。六〇〇ヤードも離れると、頭は点となり、身体は小さな蠟燭となってしまう。何か疑問は?」。しだいに近づいてくる友人の場合なら、急にその人だとわかることもあるのは明白だろう。だが、この場合にも、距離は突然識別できるようになる確率に関する一種の勾配を与えるのである。

いずれにせよ、距離は一種の見え具合の勾配を与える。それは基本的に漸進的である。すばらしく見事であるにせよ、似ているとはいいがたいほどのものにせよ、本物とその擬態の似かよりの程度には、捕食者の眼があざむかれやすい距離と、ややあざむかれにくいちょっと近めの距離とがあるにちがいない。進化が進むにつれて、あざむかれる臨界距離がしだいに近くなるという意味で、しだいにより完成度の高い似かよりが、自然淘汰によって支持されるだろう。ここでは「あざむく必要のある相手」の代表として「捕食者の眼」を使ったが、それは食われる側の動物の眼、あるいは里親の眼、雌の魚の眼など、いろいろな場合があるだろう。

私は子供たちを対象とした講演会でこの効果を実際に見せたことがある。同僚でオクスフォード大学博物館のジョージ・マガヴィン博士が親切にも、小枝や枯葉や苔を敷いた「林床」の模型をつくってくれた。そのうえ、彼はわざとそこに数十匹の昆虫の死骸を置いた。それらのなかには、メタリック・ブルーのカブトムシのようにとても目立つものもあれば、ナナフシや木の葉に擬態したチョウのようにみごとにカモフラージュされたもの、また茶色のゴキブリのように中間的な目立ち方のものもあった。聴衆のなかから子供たちが招かれ、模型のほうにゆっくりと近づきながら昆虫を探し、一つ見つけるたびに大声で叫ぶようにといわれた。子供たちは十分に離れているあいだは目立つ昆虫さえ見えなかった。近づくにつれて、まず目立つ昆虫が見え、次にゴキブリのような目立ち方が中間のものが見え、最後に見事にカモフラージュされたものが見えてきた。最もうまくカモフラージュされた昆虫は子供たちが近い距離からじっと見つめていても見破られずにすんだ。私がそれらの昆虫を指摘すると、子供たちは息をのんだ。

この種の議論が可能な勾配をもつのは距離だけではない。明るさもまたその一つである。深夜にはほとんど何も見えないので、ごく大ざっぱな類似でも捕食者に見抜かれずにすむだろう。昼間だと、ごく細部まで正確に似せたものだけが見破られずにすむ。この二つの時間のあいだの、夜明けと夕方、薄暮やどんより曇っただけの日、そして霧や暴風雨といったふうに、見え具合に関する途切れることのない連続性が得られる。重ねていうと、自然淘汰は漸進的に正確さを増す似かよりを支持するだろう。

なぜなら、どんな似かよりについても、その似かよりの程度に応じて、決定的な差のでる見え具合のレベルがあるはずだからだ。進化が進むにつれ、漸進的に似かよりの度合を高めることは、生存上の利点を与えられる。なぜなら、あざむかれるかどうかを左右する臨界明度がしだいに明るくなるからである。

同じような勾配は、視角についても与えられる。昆虫の擬態はすぐれたものであるか劣ったものであるかを問わず、捕食者の視野の片隅に入ることもあれば、正面から容赦なく見据えられることもある。あまりにも視野の周辺でしかとらえられないと、このうえなく貧弱な擬態でも見破られずにすむにちがいない。最もみごとな擬態ですら中心視野でとらえられれば見破られる危険があるはずだ。この両極端のあいだに、連続的な視角の変化に伴う、見え具合の漸進的な勾配がある。擬態の完成度のそれぞれのレベルについて、わずかな改善あるいは劣化が決定的な意味をもつ視角があるだろう。進化が進むにつれ、自然淘汰はなだらかに高まる似かよりを支持する。なぜならば、あざむかれるかどうかの臨界視角はしだいに中心に近づく、つまり視野の中心にこないと見破れなくなるからである。

敵の眼や脳の能力ももう一つの勾配と見なすことができ、それについてはこの章の初めのほうでそれとなく言及した。本物と擬態の似かよりの程度がどうであれ、それにあざむかれる眼とあざむかれない眼があるだろう。繰り返すが、進化が進むとき、自然淘汰が支持するのは、なだらかに高まる似かよりの質である。なぜなら、ますます精巧になる捕食者の眼をだますことができるからである。捕食者の眼が擬態の改良に並行して進化している可能性も考えられるが、私がいま言わんとしていることはそれではない。要するに、どこにも眼の良い捕食者と眼の悪い捕食者がいるということが言いたいわけだ。いずれの捕食者も危険な存在である。貧弱な擬態があざむくのは眼の悪い捕食者だけである。すぐれた擬態はほぼすべての捕食者をあざむく。そのあいだにはなだらかな連続性がある。

眼の良し悪しの話から、私は創造説支持者が好んで口にする難問を思い出した。半分の視力しかない眼がいったい何の役に立つのか？　自然淘汰が、完成していない眼を支持するわけがないだろう？　私はすでにこの疑問を取り上げて、動物界のさまざまな門の種に実在する中間的な眼の例を列挙してみせた。ここでは、私が確立した理論上の勾配のカテゴリーに眼も含めることにする。眼を使う作業にも勾配、すなわち連続性がある。いま現在、私はコンピュータ画面にあらわれるアルファベットの文字の認識に眼を使っているところだ。それにはすぐれた、鋭敏な眼が必要である。私はもはや眼鏡の助けなしでは読むことができない年齢になっており、いまはかなり低倍率のものを使っているが、もっと年をとれば着実に高倍率の眼鏡を処方されることになるだろう。しだいに、眼鏡なしでは緻密な細部が見えにくくなっていくだろう。ここにもう一つの連続性——年齢の連続性——があることになる。

通常の人間はいかに年をとっても昆虫よりはすぐれた視力をもっている。比較的視力が弱い人からまったく眼が見えない人までずっと、その視力に応じて達成される作業がある。かなり眼がかすんでいてもテニスをすることは可能である。なぜなら、テニスのボールは大きな物体で、その位置と動きはきちんと焦点が合わなくても見えるからだ。トンボの視力はわれわれの水準からすれば低いのだが、昆虫の水準では高く、テニスのボールを打つのと同じくらい難しい作業、飛翔中の昆虫を狙うことができる。もっとずっと貧弱な視力でも壁に衝突するのを避ける役には立つし、断崖から足を踏みだしたり、川に落ちたりするのを避けるのにも役立つ。さらに貧弱な視力でも、頭上にあらわれる影を察知することができるが、それは雲の影の場合もあるし、捕食者が近づくしるしの場合もある。それよりさらに貧弱な視力でも、夜と昼のちがいを知るのに役立ち、それはとりわけ繁殖期を同じにしたり、眠りにつくべき時間を知るのに便利である。眼にまかされる作業にも連続性があり、崇高なものから骨の折れるものまで、与えられた眼の質に応じたものがあるので、ごくささいな視力の改善が決定的な意味をもつような作業レベルがある。したがって、原始的で粗雑な初期段階から、なだらかな連続性をもった中間段階を経て、タカや若い人間にみられるような完璧な段階まで、眼が漸進的に進化してきたことを理解するのはけっして難しくはない。

そんなわけで、創造説支持者の疑問――「視力が半分しかない眼が何の役に立つのか?」――は、取るにたりない疑問で、答えるのもきわめて簡単だ。視力が半分だということは、四九パーセントの視力よりちょうど一パーセント良いわけで、その四九パーセントの視力がすでに四八パーセントの視力よりすぐれているのだから、このちがいには意味がある。次のようなお定まりの補足質問の裏には、もっと重々しい意味が込められていそうな気配がある。「物理学者として、*私は眼のように複雑な器官が

＊　この引用で気を悪くされないことを願う。私は自分の論点を補強するものとして、卓越した物理学者ジョン・ポーキングホーン師の『科学とキリスト教信仰』から以下の一文を引用させていただく（一九九一年、一六ページ）。「小さな差異の取捨選択と蓄積がどうやってスケールの大きな発達をもたらすのか、リチャード・ドーキンスのような人物は説得力のある道筋を示すことができる。だが、物理学者なら本能的に、わずかに光感受性のある細胞から完全に形成された昆虫の眼まで進化するのに、たとえ大ざっぱでもいくつの段階が必要なのか、また必要な突然変異が起こるのに要する世代数はだいたいいくつくらいなのか、推計したくなるだろう」

ゼロから進化してきたほど十分な時間があったとは考えられない。それほど十分な時間があったと本当にお考えなのだろうか？」。先の疑問とこれのどちらも個人的な懐疑心による主張から派生している。それにもかかわらず、聴衆は答えを聞きたがるので、私はふだん地質学的な時間という大きなタイムスケールで考えるよう示唆してきた。一世紀を一歩分の歩幅であらわすとしたら、西暦に入ってからの歳月はクリケットの一ピッチの距離ぐらいである。同じ縮尺で多細胞動物の起源までさかのぼるとしたら、ニューヨークからサンフランシスコまで歩き通さなければならない。

地質学的な時間の気が遠くなりそうな長さは、ピーナッツを割るのに蒸気ハンマーをもってするほどに桁はずれのものに思える。アメリカの東海岸から西海岸までてくてく歩くというイメージは、眼が進化するのに利用できた時間の長さを劇的に表現している。しかし、スウェーデンの二人の研究者、ダン・ニールソンとスザンヌ・ペルガーの最近の研究によると、その時間はばかばかしくなるほどごくわずかで十分らしい。ところで、眼「というもの」と普通に言うとき、それは暗黙のうちに脊椎動物の眼を意味しているが、多くの異なる無脊椎動物のグループで、像を結ぶ役に立つ眼が、それぞれ独立に四〇回から六〇回も進化しているのである。これらの四〇回あまりの進化のなかでも、ピンホール式の眼、二種のカメラ・レンズ式の眼、凹面反射鏡式（人工衛星のパラボラ・アンテナ式）の眼、および数種類の複眼などを含めて、少なくとも九つの異なった設計原理が発見されている。ニールソンとペルガーがもっぱら研究したのは、脊椎動物とタコでよく発達している、レンズをもつカメラ式の眼である。

一定量の進化的変化に必要な時間を推定するには、まず何から始めればいいのだろうか？　進化の各段階の大きさを計る単位を見つけなければならないが、すでに存在するもののパーセンテージであらわすのは理にかなっている。ニールソンとペルガーは解剖学的な変化の計測単位として、一パーセントの継続的な変化がどれだけあったかの数値を使うことにした。一定量の仕事をするのに必要なエネルギー量をあらわすカロリーと同じく、これは便利な単位である。変化がすべて一次元であるとき、一パーセントという単位を使うのはきわめて容易である。ありそうもないことだが、長く伸びつづけるゴクラクチョウの尾が自然淘汰によって支持されるとして、尾の長さが一メートルから一キロメートルまで進化するまでには何段階が必要だろうか？　何気なくバード・ウォッチングしている人は一パーセントの伸びに気がつかないだろう。それにもかかわらず、一キロメートルまで尾が伸びるのには、進化の段階数は驚くほど少なく、七〇〇〇回にみたない。

尾を一メートルから一キロメートルまで長くするのはそれでまあ結構だが（それに

全くばかげている)、眼の進化をどうやって同じ物差しで計れるのだろう? 問題は、眼の場合、多くの異なる部分で多くのことが並行して進まなければならないことにある。ニールソンとペルガーにとっての課題は、以下の二つの問いに答えうるような、進化する眼のコンピュータ・モデルをつくることだった。第一の問いは、基本的に本書で数ページにわたって繰り返し提起した問いだが、二人はそれをもっと系統的に、コンピュータを使ってたずねることにした。平らな皮膚から完全なカメラ式の眼にいたるなだらかな勾配をもつ変化、すべての中間段階が改良であるようなものがあるのか?（人間のデザイナーとは異なり、自然淘汰は改悪に向かって山を下ることはない——たとえ、谷間の向こう側には魅力的な高い丘があったとしても）。第二はこの節の始めにもでてきた問いで、必要なだけの進化的変化をとげるにはどれくらいの時間がかかるかという問いである。

ニールソンとペルガーのコンピュータ・モデルでは、細胞内部の働きのシミュレーションをしようとはしなかった。二人は自分たちの物語を光感受性をもつ一個の細胞——光細胞と呼んでもさしつかえあるまい——が発明されたところから始めた。将来、これとは別のコンピュータ・モデルをつくって、そのときには細胞内のレベルで最初の生きた光細胞が、もっと初期のもっと多目的な細胞の漸進的な変異によって発生したことを示せればすばらしい。だが、とにかくどこかで物語を始めなければならないわけで、ニールソンとペルガーは光細胞ができたところから始めたのである。二人は組織のレベルで研究した。個々の細胞レベルではなく、細胞からなる組織のレベルである。皮膚は組織である。腸管の内壁もそうだし筋肉や肝臓も組織である。組織は偶発的な突然変異の影響でさまざまに変化しうる。シート状の組織は面積が大きくも小さくもなれるし、厚くも薄くもなれる。レンズ組織のように、透明な組織という特殊な場合、組織の局部的な屈折率（光を屈折させる力）を変えることができる。

眼のシミュレーションのすばらしさは、たとえば走るチータの脚の場合と異なり、その効率が光学の基本的な法則を使って容易に計測できることである。眼は二次元の断面図として表現することができ、コンピュータは容易にその視力、つまり空間的な分解能を一つの実数として計算できる。チータの脚や背骨の効率を同じように数値的に表現するのは、はるかに難しいだろう。ニールソンとペルガーは平らな色素層の上に平らな網膜をのせ、さらにその上に平らで透明な保護層をのせたものを出発点とした。透明な保護層は、局部的に屈折率が偶発的な突然変異を受けて変化するように設計された。それから、ニールソンとペルガーは、いかなる変化もわずかであって、しかも前よりは改良されていなければならないという条件で、そのモデルを任意に変形させていった。

その結果は、迅速かつ決定的だった。モデルの眼がコンピュータ画面で変形するにつれて、着実に高まる視力の軌道はためらうことなく、最初の平らな状態から、浅いへこみを経て着実に深みをます椀状へと変化していった。透明な層は厚みをまして椀のなかをみたし、その外側の表面をなだらかな弧のかたちに膨張させた。やがて、手品のトリックのように、この透明な中身の一部が凝縮して屈折率の高い球状部ができた。球状部の屈折率は均一に高いのではなく、勾配付きレンズとして機能した。屈折率勾配付きのレンズは、人間社会のレンズ・メーカーにはなじみがないが、生体の眼にはよくあるものだ。人間はガラスを特殊なかたちに研磨してレンズをつくる。また、いくつかのレンズを重ねあわせることによって、現代のカメラに使われる、薄紫色をおびた高価なレンズのような複合レンズをつくる。だが、個々のレンズのそれぞれは、全体の厚みが均一のガラスからつくられたものである。それとは対照的に、屈折率勾配付きレンズは、その物質自体の内部で屈折率が連続的に変化するのである。一般にレンズの中心部付近の屈折率が高い。魚の眼は屈折率勾配付きレンズをもっている。さて、ずっと以前から知られていることだが、屈折率勾配付きレンズで、最も歪みの少ない結果を得るには、レンズの焦点距離と半径の比率を理論上の最適値にすればよい。この比率はマティエッセンの比率と呼ばれている。ニールソンとペルガーのコンピュータ・モデルはあやまたずにマティエッセンの比率に向かって進んだ。

そこで、こうした進化的な変化のすべてにどれくらい長い時間がかかったのかという問いである。この問いに答えるために、ニールソンとペルガーは自然集団における遺伝についていくつかの仮説を立てなければならなかった。自分たちのつくったモデルに「遺伝率」といった数量に妥当な数値をあたえる必要があった。遺伝率は変異が遺伝によってどれくらい支配されるかの尺度である。それを計測するのによく使われる方法は、一卵性（つまり、「遺伝的に同一の」）双生児がふつうの双生児にくらべてどれほど相互に似ているかを見ることである。ある研究から、ヒトの男性の脚の長さの遺伝率は七七パーセントであることがわかっている。遺伝率一〇〇パーヤントというのは、たとえ別々に育てられた場合でさえ、一卵性双生児の片方の脚の長さを計ればもう一人の脚の長さを完全に知ることができるという意味である。遺伝率〇パーセントなら、一卵性双生児同士の場合でも、任意の環境に住む特定の集団から無作為に選んだ二人と同じように、脚の長さが異なることを示す。ヒトに関して計測されたほかの遺伝率は、頭の幅が九五パーセント、腕の長さが八〇パーセント、身長が七九パーセントとなっている。

遺伝率は五〇パーセント以上であることが多いので、ニールソンとペルガーは自分たちの眼のモデルに五〇パーセントの遺伝率を組み込んでも安全だろうと考えた。これは控え目というか「悲観的な」仮定である。たとえば、七〇パーセントといったもっと現実的な仮定とくらべると、悲観的な仮定は眼が進化するのにかかる時間の最終的な推計値を増やすことになる。二人は進化にかかる時間の推計では、長いほうに誤るほうがよいと思われた。なぜなら、われわれは眼のように複雑なものについては、進化するのにかかった時間が短く算定されると、直観的に懐疑的になるからである。

同じ理由から、ニールソンとペルガーは変異率（その個体群では概してどの程度の変異が起こるか）と淘汰の強さ（改善された眼が個体にあたえる生存上の利点がどのくらいあるか）にも控え目な数値を選んだ。さらには、世代が新しくかわるたびに眼にあらわれる変化は一つの部位にかぎるとした。眼の異なった部位に同時に変化が起これば、進化はずっとスピードアップしただろうが、それは認めないことにした。だが、このように仮定を控え目におさえても、平らな皮膚から魚の眼を進化させるのにかかる時間はきわめて短かく、四〇万世代よりも少なかった。ここで論じているような小さな動物では、一年で一世代と想定できるから、すぐれたカメラ型の眼を進化させるのに、五〇万年もかからないということになる。

ニールソンとペルガーの結果から考えると、眼「というもの」が動物界のいたるところで別々に少なくとも四〇回の進化を経たのは不思議なことではない。いかなる系統でも出発点から一五〇〇回にわたって進化をつづける時間は十分にあった。小動物の典型的な世代の長さを想定すると、眼の進化に必要な時間は、それが途方もなく長いという俗言を助長するどころか、地質学者には計測困難なほど短かいことが判明したのである！　それは、地質学的には一瞬でしかないのだ。

ひそかに改良をなせ。進化の重要な特質はその漸進性である。これは事実より、むしろ原理の問題である。進化のいくつかの出来事が突然急転回を見せる場合もあれば、そうでない場合もあるだろう。急速な進化の中断もあるだろうし、唐突な大変異——子供を両親から引き離すような大きな変化——さえあるかもしれない。突然の絶滅——おそらくは彗星が地球に衝突するなどの自然の大変動によって引き起こされた——もたしかにあり、それによってできた空白は、たとえば哺乳類が恐竜にとってかわったように、急速に機能を改良しつつある代役によって埋められていく。進化は事実上、かならずしも漸進的ではない可能性が大きい。だが、眼のように複雑で明らかに合目的的なものの発生を進化論的に説明するときには、それは漸進的でなければならない。なぜなら、こうした場合に進化が漸進的でないとしたら、それはまったく説得力を失ってしまうからである。この場合に漸進性がないとしたら、われわれは奇跡に立ち戻るほかなくなり、奇跡というのは説明の完全な欠如とまったく同義にすぎないのである。

眼や、ハチに授粉されるランの姿が、あれほど強烈な印象を与える理由は、とてもありうるとは思えないからである。偶然のめぐりあわせでこれらが自然発生的に組み合わされる確率は、オッズとしては大きすぎて現実の世界ではとても負いきれるものではない。幸運、しかし過度ではない幸運に恵まれて、小さな一足ごとにだんだんと進化してきたというのがこの難問に対する解答である。しかし、もし進化が漸進的でないとしたら、それは難問に答えたことにならない。ただ言い換えただけにすぎないのだ。

漸進的と言っても、中間の状態がどんなものだったかを思い浮かべにくい時もあるだろう。それはわれわれの才知への挑戦ではあろうが、それだけに、もし失敗すれば、われわれの才知にとっては大きな打撃である。漸進的な中間段階がないことは証拠にはならない。漸進的な中間段階を思い浮かべようとして、最も難しいのは、有名なミツバチの「ダンス言語」だが、これはカール・フォン・フリッシュの名を世に知らしめた古典的な研究で発見された。この「ダンス言語」では、進化の最終産物はきわめて複雑かつ巧妙で、普通に昆虫がやりそうなこととはとても考えられず、中間段階を想像することは困難である。ミツバチは注意深く暗号化したダンスで花のありかを教えあう。食物が巣箱のすぐ近くにあるときは、ミツバチは「円形ダンス」をする。これでほかのミツバチたちはすっかり興奮し、外へ飛びだして巣箱の付近を探すのである。これはとくに驚くほどのことではない。だが、きわめて注目に値するのは、食物が巣箱からずっと遠く離れているときに起こることである。食物を見つけた偵察バチはいわゆる「尻ふりダンス」（8の字ダンス）をし、そのかたちとタイミングで他のハチに巣箱から食物までの方向や距離を知らせる。尻ふりダンスは巣箱のなかで巣の垂直面で演じられる。巣箱のなかは暗いので、尻ふりダンスは他のハチたちには見えない。ハチたちはそれを感じ、聞くのである。なぜなら踊っているハチは踊りの伴奏としてリズミカルに小さなブンブンという音をだすからである。ダンスは8の字のかたちで、真ん中に直線的な動きが入る。巧みな暗号のかたちで食物のある方角を示すのはこの直線の方角である。

8の字ダンスの直線部は食物のある方角を直接さしているわけではない。ダンスが演じられているのは巣の垂直面だし、巣そのものの位置は食物の場所とは無関係に固定されているので、そんなことができるわけがない。食物の位置を突きとめるには水平面の地理的関係がわからなければならない。垂直な巣はむしろ壁に貼った地図に似ている。壁の地図に引かれた線は特定の目的地を直接さしているわけではないのに、見る者は恣意的な約束事によって方角を読み取ることができる。

ミツバチが使う約束事を理解するためには、多くの昆虫と同じようにミツバチも太陽を羅針盤のかわりにして進路を決定していることをまず知らなければならない。われわれも大ざっぱながら同じことをしている。この方法には二つの欠点がある。第一に太陽はしばしば雲のかげに隠れてしまう。ミツバチはこの問題をわれわれにはない感覚を使って解決している。これまたフォン・フリッシュの発見によると、ミツバチには偏光の方角がわかり、そのために太陽そのものが見えないときでも太陽がどこにあるかを知るのである。「太陽羅針盤」の第二の問題は、太陽が時間の経過にしたがって空を「動いて」わたることである。ミツバチは体内時計によってこれにうまく対処している。フォン・フリッシュは以下のことを発見し、信じられない思いだった。偵察飛行を終えて巣箱に入りこんだミツバチは、何時間もダンスをするうち、8の字ダンスの直線部があたかも二四時間時計の時間針であるかのように、直線の方角をゆっくりと回転させるのである。巣箱のなかでは太陽は見えないのだが、外界で進行しているはずの太陽の動きを体内時計で感知して、その動きに合わせるためにダンスの方角を少しずつ変えていたのである。実に興味深いことだが、南半球産のミツバチは当然ながら逆方向に同じことをする。

さて、ダンス暗号そのものに戻ろう。8の字ダンスの直線的な動きが巣の上部をさしていれば、それは食物が太陽と同じ方角にあることを示している。それが真下をさしていればその正反対の方角にあるしるしなのだ。中間の角度をさすときは、当然予想されるとおりである。垂直線にたいして五〇度なら、水平面では太陽の方角から五〇度左を意味している。もっとも、ダンスはそんなに厳密な角度を正確にあらわしているわけではない。そもそもコンパスを三六〇度に分割したのは、われわれ人間の恣意的な約束にすぎないのだから、それも当然といえば当然だろう。ミツバチはコンパスをだいたい八つに分割している。これは本職の航海士ではない人間がしているのと似たようなやりかたである。われわれは日常、コンパスを東西南北と北東、北西、南西、南東の八つに分けている。

ミツバチのダンスは食物までの距離も暗号化している。というよりは、ダンスのさまざまな面——回転の速度、尻をふる速度、ブンブンいう速度——が、食物までの距離と相関していて、他のハチたちはそのうちのどれか一つあるいはそれらの組み合わせのどれか一つをもとに、食物までの距離を読み取るのである。食物の位置が近ければ近いほど、ダンスは速い。このことを記憶するには、巣箱の近くに食物を見つけたハチは、遠くに見つけたハチよりも興奮も大きいし、疲れも少ないことが予想できると考えればよい。だが、これには記憶の助け以上の意味がある。あとでわかるように、ダンスがいかに進化したかを解く鍵も与えてくれるのである。

これまでのことを要約してみよう。偵察バチはよい食料源を見つけて、花蜜と花粉の荷物を背負って巣箱に戻ってくると、待ち受ける働きバチに荷物を渡す。それから、ダンスを始める。位置は問題ではないが、垂直な巣のどこかでハチはかけまわりながら小さな8の字を描く。ほかの働きバチたちは踊り手のまわりに群がり、動きを感じたり音を聞いたりする。彼女らはブンブンいう速度やおそらくは回転の速度も数える。そして、踊り手が腹部をくねくねと動かしているあいだ、直線部と垂直線との角度を計る。それから巣箱の入り口に向かい、暗がりから日なたへといっせいに飛びだす。ハチたちは太陽の位置——垂直な高さではなく水平面での方角——を観察し、それから一直線に飛び立つが、その太陽との角度はもともと偵察バチのダンスが巣の垂直線となした角度に見合っている。ハチたちはその方角に飛びつづけるが無限に飛びつづけるのではなく、最初の踊り手のブンブンいう速度（の対数）に（逆）比例する距離を飛ぶのである。面白いことに、偵察バチは食物を見つけるために遠まわりして飛んだ場合にも、遠まわりの方角ではなく、コンパスを訂正して正しい方角を示すのである。

ダンスをするミツバチの話は信じがたいし、いまだに信じない人もいる。懐疑論およびその根拠に最終的な決着をつけることになる最近の実験については、次の章で触れることにして、この章ではミツバチのダンスの漸進的な進化を論じたいし思う。進化の中間段階では、それはどんなふうに見えるものだったのか、またダンスが未完成のとき、それはどのように機能したと考えられるだろう?

ところで、この設問のしかたはあまり正しいとは言えない。いかなる生きものといえども、「未完成な」、「中間的な状態」で生きているわけではない。太古の昔に死んだミツバチのダンスを、現代のミツバチのダンスに発展する中間の段階と解釈するのは、後世の知恵であって、そのころのミツバチも立派に生きていたのである。彼らは完全なミツバチの一生をすごし、自分たちがもっと良いものになる「途中に」あるなどとは思いもしなかった。さらに言うと、わが「現代の」ミツバチといっても、これが最後ではなくて、われわれやわがミツバチたちが世を去ったあとに、もっと立派なものへと進化するかもしれないのだ。それはそうだが、現代のミツバチのダンスがどのように漸進的な進化をとげてきたかという謎は残る。その中間段階のダンスは、いったいどんな様子に見え、どんなふうに機能したのだろうか？

フォン・フリッシュ自身もその疑問と取り組み、系統樹の周辺、ミツバチの現存する遠い「いとこ」たちを調べにかかった。それらはミツバチと同時代だから彼らの祖先ではないが、祖先の特徴をもちつづけているかもしれない。ミツバチそのものは木のうろや洞穴に雨露をしのぐ巣をつくる温帯性の昆虫である。それと最も近縁な熱帯のハチは、開けたところに営巣し、木の枝や岩山の露頭に巣を吊り下げる。したがって、彼らはダンスのときも太陽を見ることができるので、垂直面上で太陽の方角を「あらわす」約束事は必要がない。太陽はそこにあらわれているのである。

熱帯に住む近縁種の一つ、ヒメミツバチ（*Apis florea*）は巣のてっぺんの水平面でダンスをする。ダンスの直線部はまっすぐに食物のありかを指し示す。直接さし示せば通じるから、地図の約束ごとは不要なのだ。ミツバチにいたる移行過程として信頼できそうではあるが、さらにこの段階に先立つ、あるいはあとにつづくような、他の中間段階を考えなければならない。ヒメミツバチより以前のダンスはどんなふうだったのだろうか？　食物を見つけたばかりのハチはいったいどうしてぐるぐると8の字を描いてかけまわり、その直線部で食物のありかを示すのだろうか？　それは飛び立つための助走を儀式化したものではないかとする意見がある。フォン・フリッシュの推論によると、ダンスが進化するまで、偵察バチは食物をおろすだけで、その食料源にふたたび舞い戻るため、すぐに同じ方角に飛び立とうとした。空中に飛び立つ予備行為として、顔を正しい方角に向けて二、三歩は歩いたかもしれない。この助走が他のハチたちにあとを追うよう刺激するとしたら、それを誇張し長びかせる傾向を、自然淘汰は助長したであろう。ダンスはおそらく、儀式的に繰り返される助走のようなものなのだという。これは説得力がある。なぜなら、ダンスを使うかどうかはともかく、ハチは食料源までたがいにあとを追うという、もっと直接的な戦術を使うことが多いからだ。さらに、儀式化した助走という解釈が妥当だと思わせるもう一つの事実がある。ダンスをするハチはまるで飛ぶ準備をしているように羽をやや広げるし、飛び立てるほどの勢いではないが、ダンス信号の重要部分である音がでるほどの強さで羽を振動させるのである。

助走を引き伸ばして誇張する明らかな方法は、それを繰り返すことである。それを繰り返すというのは、出発点に戻ってふたたび二、三歩食物がある方角に歩くことだ。出発点に戻るには、歩き終えたところから右にまわるか左にまわるか、二つの方法がある。つねに左まわりあるいは右まわりを繰り返していると、どちらが助走の方角でどちらが出発点への帰り道なのかが曖昧になってくる。その曖昧さを除く最善の方法は交互に左右にまわることである。こうして8の字パターンが自然淘汰によってできあがる。

しかし、食物までの距離とダンスの速度の関係はどうやって進化したのだろうか？ダンスの速度が食物までの距離と正の相関をしているとすると、説明はなかなか難しい。だが、ご記憶と思うが、実際はその逆なのである。食物のありかが近ければ近いほど、ダンスは速くなる。このことからすぐ、それらしい漸進的な進化の筋道が思い浮かぶ。ダンスそのものが進化する以前は、偵察バチは儀式化した助走をしても、とくにスピードには意を用いなかった。ダンスの速度はそのときどきの気分まかせだった。さて、花蜜と花粉を満載して数マイルの飛行のすえに巣箱にたどりついたとしたら、巣のまわりを猛スピードで旋回する気分になるだろうか？　いや、おそらくはへとへとに疲れているにちがいない。逆に、巣箱にかなり近いところに豊かな食料源を見つけたばかりだとしたら、帰りは短い飛行ですむから、まだ元気溌剌でエネルギーもたっぷり残っているだろう。もともとは偶然の結びつきだった食物までの距離が遠くなるとダンスがゆっくりになるという関係が儀式化され、正式な、信頼できる暗号になっていったと想像するのは難しいことではない。

さて次は、すべてのなかで最も難しい中間段階を取り上げよう。直線歩行が食物のありかを直接さし示す古代のダンスは、どのようにして垂直線との角度が太陽と食物の位置との角度を示す暗号になるようなダンスに変容したのだろう？　そのような変容が必要な理由は、一つにはミツバチの巣箱の内部は暗くて太陽が見えないこと、また垂直な巣でダンスをするとき、巣の表面がたまたま食物の位置を指していないかぎり、食物のありかを直接さし示せないことである。だが、そのような変容が必要なことを示しただけでは十分ではない。この困難な移行がどのように一連の段階的な中間段階を経てなしとげられたかを説明しなければならない。

これは非常に厄介に思えるが、昆虫の神経系についての特異な事実が助け船を出してくれる。以下に述べる注目すべき実験は甲虫からアリにいたるさまざまな昆虫を対象に行なわれた。電灯のついている部屋で、甲虫を水平な板の上で歩かせるところから始めよう。ここでまず証明したいのは、昆虫が光のコンパスを使っていることである。電球の位置を変えると、昆虫もそれに応じて方角を変える。たとえば、最初に光にたいして三〇度の角度で歩いていたとすると、昆虫は光の新しい位置にたいして同じ角度を維持できるように歩く道筋を変える。実際、光線を操縦装置として使って甲虫を好きなように動かすことができる。昆虫についてのこの事実はずっと以前から知られていた。昆虫たちは太陽（あるいは月や星）をコンパスとして使うので、電球で彼らを簡単にあざむくことができるのだ。さて、面白い実験をしてみよう。電灯のスイッチを切って、同時に板を垂直に傾けるのである。甲虫はひるみもせず歩きつづける。しかも、摩訶不思議、鉛直線との角度が元の光との角度と同じになるように、われわれの実験では三〇度になるように、歩く方向を変えるのである。なぜそんなことが起こるのか、誰にもわからないのだが、それが起こることは事実である。それは昆虫の神経系の突発的なねじれ——感覚の混乱、重力感と視覚の経路の混線、ことによるとわれわれが頭を殴られて火花を見るのに少し似ているのかもしれない——を示していると思われる。いずれにしても、このねじれが、ミツバチのダンスによる「太陽位置の垂直表現」暗号が進化するのに必要な懸け橋となったのかもしれない。

面白いことに、巣箱のなかで明かりのスイッチをいれると、ミツバチは重力の感覚を放棄し、光の方角を直接太陽をあらわす暗号として使うようになる。この事実はずいぶん前から知られているが、それをこのうえなく巧みに利用した実験がある。それはミツバチのダンスが本当に機能するという証拠を決定的にする実験だった。これについては次の章で触れることにする。ところで、ここまで、現代のミツバチのダンスが最初のもっと単純なかたちから進化できたと信じてもよさそうな一連の漸進的な中間段階が見つかってきた。フリッシュのアイディアをもとに私が述べてきたような話は、実際には正しくはないかもしれない。しかしこれと少しは似たようなことが起こったのはたしかである。これまでの話は、懐疑論――個人的な懐疑心による主張――への答えとして書いたのだが、人びとが真に巧妙なあるいは複雑な自然現象に直面したときに、そうした懐疑論が生まれるのはむりからぬことである。懐疑論者はこう言う。「私には妥当と思われる一連の中間段階など想像できない。だから、そんなものはなかったのだし、その現象は自然発生的な奇跡によって生まれたのだ」。フォン・フリッシュは妥当だと思われる一連の中間段階を提供してくれた。たとえそれがまったく正しいものではないとしても、それが妥当だと思われるという事実だけで、個人的な懐疑心による主張を論破するには十分である。同じことが、これまで見てきたこと、ハチに擬態するランからカメラ型の眼にいたるすべてについても言える。

漸進論的なダーウィン主義を疑う人びとは、自然のなかの奇妙で興味深い事実をいくつでも集めることができるだろう。たとえば私は、太平洋の深い海溝に住む生物の漸進的な進化を説明するよう求められたことがある。そこは光がまったく射さず、水圧が一〇〇〇気圧を超えかねないところである。そこに住む動物群集全体が太平洋の海溝深くの熱い火山噴出口の周辺で育ってきた。噴出口からでる熱を利用し、酸素のかわりに硫黄を代謝するバクテリアによって、他のところとはまったく違った生化学反応が行なわれている。もっと大型の動物たちがつくる生物群集も究極的にはこれらの硫黄バクテリアに依存しており、これはちょうど普通の生物が太陽エネルギーを取りこむ緑色植物に依存しているのと同じである。

硫黄生物群集に属する動物はすべて、ほかのところで見られるもっとありきたりの動物の類縁種である。彼らはどんなふうに、どんな中間段階を経て進化したのだろうか？　やはり、議論の形式はまったく同じである。われわれに必要なのは、少なくとも一つの自然の勾配であり、海に入っていけばそういう勾配は無数にある。一〇〇〇気圧といえばものすごい圧力だが、それは九九九気圧より量的に多いにすぎず、九九九気圧は九九八気圧より量的に多いにすぎない……と考えていこう。海底は〇フィートからあらゆる中間段階を経て三万三〇〇〇フィートにいたる深さの勾配を提供してくれる。水圧も一気圧から一〇〇〇気圧までなだらかに変化していく。光の明度は海面付近の明るい昼の光からなだらかに暗く変化していき、海底では魚の発光器官にすむ一群の夜光性バクテリアがまれになごませてくれるほかは真の闇なのである。鋭い切れ目はどこにもない。すでに適応している水圧と闇のあらゆるレベルごとに、すでに存在する動物とはほんの少しデザインが異なっていて、一尋深く、一燭光暗いところで生き延びることができる動物がいるだろう。すべての……いや本章はもう十分長くなりすぎた。私の手法はご存じのとおりだ、ワトソン君。応用してみたまえ。

4　神の効用関数

前章に引用した手紙をくれた聖職者は、ハチを通じて信仰を見出した。チャールズ・ダーウィンは逆に、別のハチの生態がもとで信仰を失った。ダーウィンはこう書いている。「どうしても得心がいかないのだが、慈悲深くも全能の神たるものが、生きている芋虫の体内で栄養をとるようにという明白な意図をもってヒメバチたちをつくられたなどということがあろうか」。ダーウィンはしだいに信仰を失っていったことを、敬虔な妻のエンマの気持ちをかき乱すまいとして控え目に述べているが、実際にはもっと複雑な理由が働いていた。ヒメバチなどをひきあいにだしたのは、ダーウィン独特のアフォリズムといえよう。彼が言及した薄気味のわるい習性は、前章で取り上げたジガバチにも共通している。雌のジガバチは卵を芋虫（あるいはバッタやハチ）の体内に産みつけてそこで栄養をとらせているだけでなく、ファーブルその他によると、彼女は獲物を麻痺させるが殺さないようにと、注意深くその中枢神経系の各神経節に針を刺すという。これで、ご馳走の鮮度は保たれる。麻痺が全身麻酔として働くのか、あるいは毒矢に使うクラーレ（神経毒）のように犠牲者の運動能力を奪うだけなのかはまだわかっていない。後者だとすると、餌食となった芋虫は生身の身体を内側から食われているのを知りながら、筋肉が動かせず何の手も打てないわけである。これは残酷きわまりない話だが、これから見ていくように、自然は残酷なのではなく、非情で冷淡なだけである。これは人間にとっては知らないですませたい最も不快な教訓である。われわれは認める気になれないが、自然の出来事には善も悪もなければ、残酷も親切もなく、ただひたすら無情――何の目的意識もなく、あらゆる苦しみに無関心――なのかもしれない。

われわれ人間は目的意識が頭から離れない。何を見ても、これは何のためにあるのかと思い、その動機、つまりその目的の背後にあるものは何だろうと思わずにはいられない。目的についての思いこみが病的になると、それはパラノイア――実際にはたまたま不運だっただけの事柄にも邪悪な目的意識を読む――と呼ばれる。しかし、これはほぼ万人に共通の錯覚である。どんな物体あるいはどんな物事の経過についても、見せられれば思わず「なぜ」と問い、「これは何のためにあるのか？」と問わずにはいられないのだ。

いたるところに目的を見たいという気持ちは、機械や人工的な製品、道具や他の文明の産物に囲まれて生きる動物にとっては、さらに言うと目覚めているときの意識が個人的な目標に支配されている動物にとっては、自然な欲望である。自動車、缶切り、ねじまわし、干し草用の熊手など、すべてが「これは何のため？」という問いを正当化してくれる。わが未開の祖先たちも雷や日食や月食、岩や川の流れについて、同じ疑問をいだいたことだろう。今日、われわれはそうした原始的なアニミズムを払拭したことを誇りに思っている。流れのなかの岩がたまたま便利な飛び石として役に立てば、予期せぬ贈りものと見なすだけで、そのためにそこにあるとは考えない。しかし、目的意識という古くからの誘惑が激しく噴きだすのは、悲劇に襲われた――まさに「襲われる」というその言葉こそアニミズム的な思考を反映している――ときである。「なぜ、いったいどうして癌／地震／ハリケーンにわが子が襲われなければならないのか？」。そして、万物の起源とか物理の基本的な法則などに話題がおよぶときには、この同じ誘惑を、しばしば明らかに楽しむようになり、「なぜ、無ではなくて何かが存在するのか？」という存在にかかわる空漠たる問いで最高潮に達する。

一般向けの講演をしたあとで、聴衆のなかから次のような言葉をぶつけられることが数えきれないほどある。「あなたがた科学者は『どのように？』という質問には手ぎわよく答えられますが、『なぜ?』という問いになると、どうにもお手上げだということを認めざるをえませんね」。エディンバラ公フィリップ殿下も、わが同僚ピーター・アトキンズ博士がウィンザー宮殿で講演したおりに、聴衆の一人としてまさにその点を問題にされた。この問いの裏には、口にこそださないが、言外の十分な根拠のないほのめかしがあり、それは科学が「なぜ?」という問いに答えられないのなら、それに答えるのに適した分野が他にあるにちがいないということである。もちろん、このほのめかしはまったく非論理的である。

アトキンズ博士は、殿下の「なぜ?」をかなり軽くあしらってしまったような気がする。ただ単に疑問を言葉にあらわすことができるからといって、そうすることが正当ないし理にかなっていることにはならない。「その温度は何度あるか?」とか「それは何色か?」などとたずねる事柄ならいくらでもころがっているが、たとえば嫉妬とか祈りの「温度」や「色」をたずねるわけにはいかない。同じように、自転車の泥よけやカリバ・ダムについて「なぜ?」と問うのは正しいが、少なくとも玉石や不運やエヴェレスト山あるいは宇宙がテーマのときに、「なぜ?」という質問に答える価値があるなどと考えるのは見当ちがいである。たとえどんなに心からでた言葉であっても、質問すること自体がまったく的外れなのである。

一方に車のフロントガラスのワイパーや缶切り、もう一方に岩山や宇宙があって、そのあいだのどこかに、生きものがいる。生きている体とその各器官は、岩山とはちがい、どこもかしこも用途が書きこまれているように見える物体である。もちろん、周知のように、生物の体がいかにも目的をもつように見えるという事実こそ、トマス・アクィナスからウィリアム・ペイリーにいたる神学者、そして現代の「科学的」創造論者たちが提唱する「目的論的証明（デザイン論）」の特色となってきた。

眼や嘴、営巣本能をはじめ、意図的な設計がひそんでいるという強烈な錯覚を与える生命のあらゆる事柄を生んだ真の過程が、いまではよく理解されるようになっている。それはダーウィンの自然淘汰である。われわれがこれを理解するようになったのは驚くほど最近のことで、ここ一世紀半ぐらいのことである。ダーウィン以前は、教育のある人びとでさえ、岩や流れや蝕について「なぜ？」と問うのはあきらめながらも、いぜんとして生きものに関するかぎり「なぜ？」という疑問の正当性を暗黙のうちに認めていた。いまや、それは科学的な素養のない人びとだけの専売特許になっている。しかし、素養のない人びとだけという言葉には、実は大多数の人びとがそうだという不快な真実がかくれているのだ。

本当のところ、ダーウィン主義者も生きものについて一種の「なぜ？」という疑問を言葉にだすことはあるが、それは特別な比喩的な意味合いでそうするのである。なぜ鳥はさえずるのか、そして翼は何のためにあるのか、と。そのような疑問は、現代のダーウィン主義者から一種の簡略表現として認められ、鳥の祖先に作用した自然淘汰という観点から筋道の立った答えが与えられるだろう。目的という錯覚はあまりにも強烈なため、生物学者自身もすぐれた設計という仮説を研究の道具として使っている。前章で見てきたように、カール・フォン・フリッシュはミツバチのダンスというあの画期的な研究より以前に、圧倒的かつ正統的な反対意見をよそに、真の色彩識別力をもつ昆虫がいることを発見した。彼をその実験にかりたてたのは、ミツバチによって受粉する花が苦労してあざやかな色の色素をつくるという単純な観察結果だった。ミツバチが色盲だとしたら、花はなぜこんなことをするのだろうか？ ここでは世界について断定的な推論をくだすために、目的という比喩――より正確にはダーウィンの自然淘汰がかかわっているという仮説――が使われている。もしフォン・フリッシュが次のように述べたとしたら、まったくの誤りだったろう。「花には色がある。したがってミツバチには色彩識別力があるにちがいない」。だが、実際には次のように述べたのだし、それは正しかった。「花には色がある。だから、ミツバチには色彩識別力があるという仮説を試すために、少なくとも何か新しい実験を一所懸命にやってみる価値はある」。その問題をくわしく調べた結果、ミツバチは色彩識別力がすぐれているが、そのスペクトル（可視波長域）はわれわれのそれとはずれていることがわかったのである。ミツバチには赤い光が見えない（われわれが赤と呼ぶ色も、ミツバチには「黄外線」と名づけたほうがよいのかもしれない）。そのかわりに、ミツバチはわれわれが紫外線と呼んでいる短い波長域も見逃さず、紫外線をきわだった色として見ている。そのため「ビー・パープル（ミツバチ紫）」と呼ばれることがある。

フォン・フリッシュはミツバチにはスペクトルの紫外線部分が見えることを発見すると、またしても目的という比喩を使って考えた。ミツバチは紫外線の感覚を何に使うのだろう、と自問したのである。彼の思考はここでフル回転して花へ向かった。われわれは紫外線を見ることはできないけれど、それに敏感な写真フィルムをつくることはできるし、紫外線を透過させて「可視」光線を遮断するフィルターをつくることもできる。直感のおもむくままに、フォン・フリッシュは花の紫外線写真を撮った。すると、嬉しいことに、人間の眼がそれまで見たことのない点と縞の模様が写っていた。われわれに白とか黄色に見える花は実際には紫外線の模様で飾られており、その模様がしばしばミツバチを花蜜へ導く道しるべとなっているのである。明白な目的という仮定がまたしても成果を上げたのだ。つまり、花が、もしうまく設計されたものならば、ミツバチが紫外線の波長を見ることができるという事実を利用しているはずだからである。

晩年になってから、フォン・フリッシュの最も有名な研究——前章で検討したミツバチのダンスについて——にエイドリアン・ウェンナーというアメリカの生物学者が異議をとなえた。幸いなことに、フォン・フリッシュが生きているあいだに、もう一人のアメリカ人ジェームズ・L・グールドによって、主張の正しさが証明された。現在はプリンストンにいるグールドのその実験は、生物学でも最もめざましい発想によるものだった。それは「まるで設計されたかのような」という仮定の力についての私の論点にぴったりなので、ここで簡単に説明しておこうと思う。

ウェンナーと同僚たちはミツバチのダンスそのものを否定したわけではなかった。また、そのダンスにフォン・フリッシュが述べたようなすべての情報が含まれていることも否定しなかった。彼らが否定したのは、他のハチがそのダンスを読み取るということだった。ウェンナーはこう言った。そう、たしかに尻ふりダンスの直線部分と垂直線のなす角度は、食料と太陽のなす角度に関連している。だが、他のハチはダンスから情報を受け取るのではない。また、ダンスのさまざまな面の速度が食料までの距離についての情報として読めることもたしかだ。だが、他のハチがその情報を読むと言えるたしかな証拠はない。ハチたちはそれを無視しているかもしれないではないか。懐疑派はフォン・フリッシュの論拠には欠陥があると言い、彼らが適当な「対照群」を用意して（つまり、ハチが食料を見つけられそうな別の手段を講じることによって）実験を追試したところ、フォン・フリッシュのダンス言語説を支持しない結果がでたのである。

そこに、ジム・グールドが独創的かつ絶妙な実験をひっさげて登場したのである。グールドが利用したのはミツバチについて昔から知られている事実で、これについては前章で取り上げたのをご記憶のことと思う。ミツバチは普通暗がりでダンスをし、垂直面上の上昇の方向を水平面での太陽の方角をあらわす暗号のしるしとして使うのだが、巣箱のなかで明かりをつけると、ミツバチたちは苦もなく先祖伝来のやりかたに切り替える。つまり、そうなると重力のことはあっさり忘れて電球を太陽の象徴として使い、それによって直接ダンスの角度を決めるのである。幸い、踊り手が忠誠の対象を重力から電球へと切りかえても、まったく誤解は起こらなかった。ダンスを「読んでいる」他のハチたちも同じように忠誠の対象を切り替えるので、ダンスのもつ意味はいぜんとして変わらない。他のハチたちはやはり踊り手が意図した方角へ食料を探しに飛び立っていく。

ここからがジム・グールドの腕の見せどころだった。彼は踊り手のハチの眼を黒いニスで塗りつぶし、電球が見えないようにした。踊り手はそのため通常の重力方式を使ってダンスをした。その踊りにしたがう他のハチたちは目隠しをされていないので、電球が見えた。そして、そのダンスを、重力方式が中止され電球「太陽」方式に切り換えられたごとく解釈した。ダンスを追う連中はダンスと明かりとの角度を計り、一方、踊り手は重力との関連で角度を調整していたのである。グールドはダンスをするハチに食物のある方角についてむりやり嘘をつかせていたことになる。一般的な意味での嘘にとどまらず、グールドが正確に操作できる特定の方角に嘘をつかせたのである。もちろん、グールドはただ一匹について目隠し実験を試みたのではなく、サンプルとして統計的に有意の数のミツバチについてさまざまな角度操作をして実験を進めた。そしてそれはみごとに功を奏した。フォン・フリッシュが考えだした仮説の正しさが立派に証明されたのである。

私はこの話を興味本位で紹介したわけではない。すぐれた設計という仮定の肯定的な面ばかりでなく否定的な面についてもはっきりさせたいと思ったのである。ウェンナーと同僚たちの懐疑的な論文を初めて読んだとき、私はおおっぴらに嘲笑的な態度をとった。結果的には、ウェンナーが間違っていたことが証明されたとはいえ、これは正しい態度ではなかった。私の嘲笑はもっぱら「すぐれた設計」という仮定にもとづいていた。ウェンナーは別にミツバチがダンスをすることを否定したのでもなければ、そのダンスが食物のありかまでの距離と方角に関するすべての情報を体現しているというフォン・フリッシュの主張を否定したのでもなかった。ウェンナーはただ、他のハチが情報を読み取るという考えを否定しただけなのだ。これだけで、私や多くのダーウィン主義の生物学者には腹に据えかねたのである。ダンスはきわめて複雑で、非常にうまく工夫され、食物のありかまでの距離や方角を他のハチに教えるという明らかな目的に合致しているのである。われわれの観点からすると、この見事な合致は自然淘汰以外のものからは生まれるはずはなかった。ある意味で、われわれは創造説支持者が生命の驚異を考えるときにおちいるのと同じ陥穽にはまっていた。ダンスは、どう考えても何か役に立つことであるはずだった。ということは、おそらく調達係のハチに食物を見つけやすくする手助けを意味した。さらには、それほどみごとに合致しているダンスのそういった側面——ダンスの角度と速度が食物の方角と距離に関連している——も何か役に立つことをしていなければならなかった。したがって、われわれは頭からウェンナーが間違っていると決めつけたのである。私は固くそう信じきっていたので、たとえ私自身に才知があり、グールドの目隠し実験を思いついたとしても（実はそうではなかったが）、わざわざそれをやってみようとしなかっただろう。グールドはあふれんばかりの才知でその実験を考えだしただけではなく、実際に実験を行なったのだが、それは彼がすぐれた設計という仮定にふりまわされなかったからだ。われわれは非常に危険な綱渡りをしていたのだ。なぜなら、グールドの頭のなかにも――その前のフォン・フリッシュが色彩識別力の研究でそうだったように――すぐれた設計という仮定がほどよくひそんでいたからこそ、あの注目すべき実験にはかなり成功の可能性があり、したがってそれに時間と労力を注ぐ価値があると確信できたのではないだろうか。

さて、ここで「リヴァース・エンジニアリング」と「効用関数」という二つの専門用語を紹介しようと思う。この部分はダニエル・デネットの卓越した本『ダーウィンの危険な思想』の影響を受けている。リヴァース・エンジニアリングとは以下のような仕組みの推論方法である。エンジニアがどうにも理解できない人工的な産物と直面したとする。そこで、それが何かの目的のために設計されたものだという作業仮説をたてる。そして、それがどんな問題の解決にすぐれているものかを理解する目的で、それを分解して分析する。「もし、私がこれこれのことをする機械をつくりたかったとしたら、こんなふうにつくっただろうか？　あるいは別のこれこれのことをするために設計された機械だと考えたほうがわかるだろうか？」

たとえば、計算尺はつい最近までエンジニアという名誉ある職業のお守りだったが、エレクトロニクス時代のいまでは、青銅器時代の遺跡のように古色蒼然としたものになっている。未来の考古学者は計算尺を発見して何だろうと思い、真っすぐな線を引いたり、パンにバターを塗るのに手ごろだと思うかもしれない。そのいずれかが本来の用途だったと考えるのは仮定の節約という条件を侵害することになる。単に先の真っすぐなナイフあるいはバターナイフなら、物差しの真ん中に滑り板などは必要なかったはずだ。さらに、計数線の間隔を調べれば、偶然にしてはあまりにも細部まで注意深く処理された対数尺であることがわかるだろう。電算機以前には、この形式が掛算と割算を迅速にするための精妙な仕組みだったことが、考古学者にもだんだんにわかってくるだろう。知的かつ経済的な設計という仮定のもとにリヴァース・エンジニアリングすることで、計算尺の謎は解決するはずである。

「効用関数」は、エンジニアではなく経済学者の専門用語である。それは「最大化するもの」という意味である。経済企画にたずさわる人びとや社会工学者は何かを最大化しようと努力する点で、建築家や本物のエンジニアに似ている。功利主義者は「最大多数の最大幸福」（ついでながら、このキャッチフレーズは実際以上に知的な響きがする）を最大化しようとする。このスローガンのもとに、功利主義者は短期的な幸福を犠牲にしても長期的な安定を多少とも優先させるかもしれないし、しかも功利主義者たちのあいだでも、「幸福」なるものを計るのに、財政的な富、職業上の満足感、文化的な達成度、あるいは個人的な人間関係のどれを尺度とするかで意見が分かれる。また、公共の福祉を犠牲にして公然と自らの幸福を最大化する人もいて、彼らは自分のエゴイズムを体裁のよいものにするために、個人が自助努力をすれば全体の幸福が最大化するという哲学をふりまわす。個々の人間の生涯の行動をじっくりと観察すれば、彼らの効用関数をリヴァース・エンジニアリングすることができるだろう。ある国の政府の行動をリヴァース・エンジニアリングしてみれば、最大化されているのは雇用と全国民の福祉だという結論になるかもしれない。別の国では効用関数は大統領の権力の維持とか特定の支配者一族の幸福、あるいはスルタンのハーレムの大きさ、中東の安定つまり石油価格の維持ということになるかもしれない。つまり、想像できる効用関数は一つとはかぎらないということである。個人や企業や政府が何を最大化しようとしているかは、かならずしも明らかではない。だが、何かを最大化しようとしていると考えてもさしつかえないだろう。何となれば、ホモ・サピエンスは目的にがんじがらめにとりつかれている種だからである。たとえ効用関数が多くの入力からなる加重和だったり複雑な関数だということになっても、この原理は有効である。

　ここで生物体に戻ってその効用関数を導きだしてみよう。たくさんの効用関数がありうるが、意味深いことに、それらのすべてが最終的には一つに収斂していくことが明らかになるだろう。この作業を劇的に示すよい方法は、生物が神というエンジニアによってつくられたと仮定して、リヴァース・エンジニアリングすることによって、神が何を最大化しようとしたのかをさぐってみることである。神の効用関数は何だったのだろうか？

　チーターはどう見ても何かのためにすばらしく設計されたように見え、リヴァース・エンジニアリングしてその効用関数を見つけだすのも難しくはなさそうである。彼らはアンテロープを殺すようにうまく設計されているようだ。神の意図がアンテロープの死を最大限にすることにあるとしたら、チーターの歯や鉤爪、眼、鼻、脚の筋肉、背骨、頭脳などのすべては、まさにわれわれの期待どおりのものである。一方、アンテロープの方をリヴァース・エンジニアリングすれば、まさに正反対の目的——すなわち、アンテロープの生存とチーターの餓死——のための設計であることを示す同じように印象的な証拠が見つかるだろう。あたかもチーターがある神によって設計され、アンテロープはそのライヴァルの神によって設計されたかのようである。そうではなくて、トラと子ヒツジを、チーターとガゼル（アンテロープの一種）をつくったのがただ一人の造物主だとしたら、彼はいったい何をして遊んでいるのだろう？　死闘で観客を動員するスポーツを楽しむサディストなのだろうか？　アフリカの哺乳類の個体数が過剰になるのを避けようとしているのだろうか？　デイヴィッド・アッテンボローの動物テレビ番組の視聴率を最大化しようともくろんでいるのだろうか？　どれもわかりやすい効用関数であり、本当だということになったかもしれない。実際には、これらはすべて完全に間違っている。われわれはいまや生命のただ一つの効用関数をきわめて詳細に知っているし、それは前記のいずれでもない。

1章で説いたことによって、読者には生命の真の効用関数、自然界で最大化されつつあるものはDNAの生存だという考え方を受け入れる下地ができていることと思う。だが、DNAは自由にただよっているわけではない。生物体の内部に閉じこめられているので、それを動かすレヴァーの大部分を思うままに活用できないといけない。チーターに宿っているDNAの配列は、宿主のチーターをしてガゼルを殺すように仕向けて、自らの生存を最大化する。ガゼルの体に宿るDNAの配列はその反対の目的を強く推進することで自らの生存を最大化するのである。しかし、いずれの場合も最大化されるのはDNAの生存である。本章では、多くの実例に即してリヴァース・エンジニアリングを試み、最大化されているのがDNAの生存だと仮定すると、すべての辻褄が合うことを示したいと思う。

野外個体群における性比――雌雄の割合――はたいてい五〇対五〇である。このことは少数の雄がハーレムよろしく雌を不当に独占する多くの種では、経済的にみて理屈に合わないように思われる。あるゾウアザラシの個体群のくわしい研究によると、四パーセントの雄がすべての交尾の八八パーセントを独占している。この場合、神の効用関数が独身の大多数にとっていちじるしく不公平であることは気にかけないとしよう。さらに悪いことに、経費節減を旨とする効率一点張りの造物主なら、恵まれない九六パーセントが個体群の食料源の半分を消費している（実際には、ゾウアザラシの成獣の雄は雌よりも体格がはるかに大きいので、半分より多い）ことを見抜いているることだろう。はみだした独身者は何もせず、ただ四パーセントにあたるハーレムの主にとってかわる機会を待つばかりである。こうした不条理な独身者の群れの存在をどう正当化できるのだろうか？　社会の経済効率に少しでも注意を払う効用関数なら、独身者などなくしてしまうだろう。そのかわり、雌に生殖させるのにちょうどよい数の雄が生まれるようにするだろう。この一見異常と見えることも、真のダーウィン的効用関数、つまりDNAの生存を最大化することを理解すれば、明快かつ単純に説明できるのである。

性比の例を少しくわしく見てみようと思う。なぜならば、その効用関数が経済的な側面の解明に微妙に役立つからである。実はチャールズ・ダーウィンもこの問題に困惑したと告白している。「以前は、両性を同数つくりだす傾向が種にとって有利であれば、自然淘汰の結果そうなるのだろうと思っていた。だが、いまはこの問題全体は非常に難解なので、その解決は将来に残しておくほうが安全だと見ている」。往々にしてそうだったように、この場合もダーウィンのいう将来に姿をあらわしたのはサー・ロナルド・フィッシャーだった。フィッシャーは次のように推論した。

生まれるすべての個体は、正確に一人の父親と一人の母親をもっている。したがって、遠い子孫で計算すれば、生きているすべての雄の繁殖成功度の総和は、生きているすべての雌の繁殖成功度の総和と等しいはずである。ここでは個々の雄と雌のことを言っているのではない。なぜなら、個体のなかには明らかに、かつ重要なことだが、他の者よりも繁殖に成功しているものがいるからだ。私は雌全体と比較した雄全体について言及しているのである。この子孫全体は個々の雄と雌に振り分けられる——等分に分けられるのではないが、とにかく分けられる。すべての雄に分け与えられるべき繁殖のパイの大きさは、雌に分け与えられるべきパイの大きさに等しい。したがって、たとえばその集団で雄のほうが雌より多かったら、雄一匹当りの平均的な分け前は雌の平均的な分け前よりも少ないことになる。だとすると、雌の平均繁殖成功度（つまり予測される子孫の数）に比べての雄の平均繁殖成功度はまったく雌雄の比率だけで決まるということになる。少数派の性に属する平均的なメンバーは多数派の性に属する平均的なメンバーよりも高い繁殖成功度をもつことになる。性比が同じで、少数派が存在しないときにのみ、両性は等しい繁殖成功度を享受できるのである。この驚くほど単純な結論は、純粋に机上の理論から引きだされたものである。生まれてきたすべての子供には一人の父親と一人の母親がいるという基本的な事実以外は、いかなる経験的な事実にも全く依拠していない。

性はふつう受胎時に決まるので、個体には彼もしくは彼女自らの（一度だけは、このまわりくどい表現が作法としてではなく必要なのである）性を決める力はないと考えてよいだろう。フィッシャーとともに、われわれも子供の性を決定する力が親にあると仮定してみよう。もちろん「力」といっても、意識的あるいは故意に使いこなせる力という意味ではない。とはいえ、息子をつくることにはわずかに冷淡で娘をつくることにはそうではないような化学物質を膣に生みだす遺伝的傾向を母親がもつことがあるかもしれない。あるいは、父親が、息子をつくる精子よりも娘をつくる精子をつくりだす遺伝的傾向をもつかもしれない。実際にどうするかはともかく、息子か娘かのどちらをもつか決めようとしている親の立場になって想像してみよう。ここでも、意識的な決定のことをいっているのではなく、体にはたらきかけて子供の性に影響をおよぼそうとする遺伝子の何世代にもわたる自然淘汰について語っているのである。

孫の数を最大化したかったら、息子をもつべきだろうか、それとも娘をもつべきだろうか？　すでに見てきたように、その集団のなかで少数派の性の子供をもつべきなのである。そうすれば、その子供は比較的大きな繁殖活動の取り分を期待できるから、比較的多くの孫を期待できる。どちらの性も他方より少なくなければ――言い換えると、性比がすでに五〇対五〇になっているとすると――どちらの性を選んでも、とくに恩恵はこうむらない。息子をもとうが娘をもとうが、孫の数には影響しないのである。そんなわけで、五〇対五〇という性比は「進化的に安定」しているといわれるが、これはイギリスの偉大な進化論者ジョン・メイナード・スミスがつくりだした用語である。現存する性比が五〇対五〇以外のときにのみ、選択の偏りから利益を引き出せる。なぜ個体が孫やその後の子孫の数を最大化しようとするかという問題に関しては、いまさらたずねるまでもないだろう。個体に子孫の数を最大化するよう仕向ける遺伝子こそ、われわれがこの世で出会うはずの遺伝子である。われわれが眺めている動物は成功した祖先の遺伝子を受け継いでいるのだ。

フィッシャーの理論を言い換えて、五〇対五〇は「最適」な性比であると表現してみたい気がするが、厳密に言うとこれは誤りである。雄が少数派であれば子供のために選択すべき最適な性は雄であり、雌が少数派であれば雌が最適な性である。いずれの性も少数派でないときには最適な選択は存在しない。うまく設計された親は生まれるのが息子か娘かということにはまったく無関心である。五〇対五〇が進化的に安定な性比だといわれるのは、自然淘汰がそれから逸脱しようとするいかなる傾向をも支持せず、少しでもそれから逸脱すると、不均衡を是正する傾向を支持するからである。

フィッシャーはさらに、自然淘汰によって五〇対五〇に保たれているのは、厳密には雌雄の数ではなく、彼の言葉によると息子と娘にかかる「親の出費」であることに気づいた。親の出費とは苦労して子供の口に運ぶ餌の総量であり、子供の世話に費やす時間とエネルギーの総量であって、それはたとえば別な子供の世話といった他のことに費やすこともできたはずのものである。たとえば特定の種のアザラシの親はふつう息子を育てるのに娘の場合の二倍の時間と労力をかけるとする。アザラシの雄の成獣は牛とくらべてもはるかに大きな体格をしているので、こんなこともあるかと思われる（もっとも、実際にはたぶん違っている）。それがどんな意味をもつかを考えてみよう。親にとっての真の選択は、「息子にすべきか、それとも娘にすべきか?」ではなく、「息子一人にすべきか、二人の娘にすべきか?」なのである。なぜなら、一人の息子を育てるのに必要な餌やその他のもので、二人の娘を育てることができるからである。そうなると、進化的に安定な性比を頭数であらわすと、あらゆる雄一頭にたいして雌二頭ということになるだろう。ところが、それを親の出費量(個体数ではなく)で計算すると、進化的に安定な性比はやはり五〇対五〇なのである。フィッシャーの理論は二つの性にかかる出費のバランスに行きつくもので、これは実際には両性の数のバランスと同じであることが多い。

実は、アザラシの場合でも息子の養育にかかる親の出費は娘にかかるのとさほど際立ったちがいはないように思われる。雌雄の大幅な体重差がでてくるのは、親の出費が終わってかららしいのだ。だから、親が迫られる決断はやはり、「息子をもつべきか、それとも娘をもつべきか?」なのである。たとえ、息子が成獣まで成長するのに要する総コストは娘の成長の総コストよりはるかに高いとしても、余分なコストを決定権をもつ親が負担するのでなければ、フィッシャーの理論で勘定に入るのはそれだけなのだ。

親の出費のバランスというフィッシャーの原理は、一方の性がもう一方よりも死亡率が高い場合にもやはりあてはまる。たとえば、雄の赤ん坊は雌の赤ん坊よりも死にやすいとしよう。受胎時の性比が正確に五〇対五〇だとすると、成体に達するころには雄の数は雌より少ないことになる。そうなると彼らは少数派の性になるから、われわれは単純に、自然淘汰は息子ばかりをもつ親を支持すると考える。フィッシャーもそう思ったのだが、ただし、ある点まで——しかも、きわめて限られた点まで——だった。彼は高い幼時死亡率を正確に埋め合わせて、繁殖集団における性比を同じにするほど多くの息子を親が受胎するとは予測しなかった。そうではなく、受胎時の性比はいくらか雄に傾むくことがあるかもしれないが、それは息子にかかる出費の総量が娘にかかるものと等しくなると予測されるところまでである。

この問題を考えるのに最も簡単な方法は、もう一度決定権をもつ親の立場に立って、こう自問することである。「娘ならおそらく生きのびるだろうし、息子なら幼くして死ぬかもしれないけれど、どちらを生むべきだろうか？」。息子を通じて孫をつくろうと決めれば必然的に、早死にする息子の分の他に、そのかわりになる息子の分まで余分の出費をしなければならなくなる。そういうわけで、生きのびた息子は早死にした兄の亡霊を背負っていると考えてもよい。言わば、息子経由で孫を増やそうという決定によって親は余分な浪費——早死にする雄に惜しみなくかけられる出費——を余儀なくされるという意味で、彼は亡霊を背負っているのである。フィッシャーの法則はここでもまだあてはまる。息子たちに投入される物質やエネルギー（幼い息子を死ぬまで養育することも含めて）の総量は娘たちに投入される総量と等しいのだ。

それでは、雄の死亡率が高くなるのが、幼時ではなく親の出費が終わったあとだったらどうだろう？　実際、成体の雄はしばしば闘って傷つけあうので、こうした事態はよく起こることだろう。こうした状況も繁殖集団における雌の過剰をもたらす。したがって、表面的には、自然淘汰は、息子だけ生み、繁殖集団における雄の希少さにつけこむ親を支持するだろうと思われる。しかし、もう少し真剣に考えると、その推論が誤りであることに気づくはずである。親が迫られるのは次のような決断である。「息子をもつべきだろうか？　そうすれば育ててあげたあと、闘って殺されることもありそうだが、もし生きのびれば余分にもっと多くの孫を増やしてくれるだろう。それとも、かなり確実に平均的な数の孫を生んでくれそうな娘をもつべきだろうか？」。けれども、息子経由で期待できる孫の数は、やはり娘経由で期待できる孫の平均数と同じである。そして、息子をつくるのにかかるコストとは、彼が巣を離れる瞬間まで餌を与え、身を守ってやるコストのことである。彼が巣を離れてからたぶん殺されるだろうという事実は、このコスト計算に何の影響もおよぼさないのである。

　こうした推論全体を通して、フィッシャーは「決定者」は親であると仮定して進めた。それが他の誰かであったら、計算はちがってくる。たとえば、個体が自らの性の決定に影響をおよぼすことができるとしよう。重ねて断わっておくが、自覚的な意図による影響という意味ではない。私は環境からの合図に応じて個体発生の道筋を雌なり雄なりに切りかえる遺伝子を仮定しているのだ。いつもの慣例にしたがって、簡単にするために「個体による意図的な選択」――この場合、自己の性の意図的な選択――という言葉を使うことにする。ゾウアザラシのようなハーレムを形成する動物がこの自由な選択を許されるとしたら、その結果は劇的だろう。各個体はハーレムをしたがえる雄にあこがれるだろうが、ハーレムを手に入れそこなえば、断然、独身の雄よりは雌になるほうを選ぶだろう。そして集団の性比はいちじるしく雌に傾くことになるだろう。ゾウアザラシはあいにく受胎時に与えられた性を変えることはできないが、魚類には変えられるものがある。ベラの雄は身体が大きくて鮮やかな色をしており、くすんだ色の雌のハーレムをしたがえている。雌の一部は他の雌より大型で、おたがいの間で順位制を形成している。ハーレムの主である雄が死ぬと、最も大きな雌がそのあとを継ぎ、彼女はたちまち色あざやかな雄に変身するのである。こういう魚は両方の世界のうまみをそっくり頂戴する。独身者の雄として、ハーレムににらみをきかす雄の死を待つばかりの生活をするかわりに、その待ち時間を生産的な雌としてすごすのである。ベラの性比システムは非常にまれなものであり、この場合の神の効用関数は社会経済学者なら打算的と見なすものと一致している。

というわけで、性の決定を親がする場合と個体自らがする場合を検討してみた。他に決定権をもつ可能性があるのは誰だろうか？ 社会性昆虫（分業を含めて複雑な社会をもつ昆虫。アリ、シロアリおよび社会性ハチ類を指す）の場合、主として投資の決定をくだすのは、普通養育される子供の姉（そしてシロアリの場合は兄）にあたる不妊のワーカーたちである。もっとよく知られている社会性昆虫にミツバチがある。養蜂家ならすでにお気づきのとおり、巣箱のなかの性比は見たところフィッシャーの期待にそむいているようである。まず注意しなければならないのは、ワーカーを雌として数えるべきではないことである。厳密には雌なのだが、彼女たちは繁殖しないので、フィッシャーの理論にしたがって規定される性比は、巣箱で大量につくりだされる雄バチと新女王の比ということになる。ミツバチとアリの場合には、三対一で雌が有利な性比が予測でき、それには特別に厳密な理由があるのだが、これについては『利己的な遺伝子』で論じているので、ここで繰り返すのは控えようと思う。ミツバチの場合は、養蜂家なら誰でも知っているように、それとは大ちがいで、実際の性比はいちじるしく雄が多いのである。勢いのさかんな巣箱が一シーズンに生みだす新しい女王バチは五、六匹だが、雄バチとなると何百匹、いや何千匹にものぼる。

ここでは何が行なわれているのだろう？　現代の進化論の多くの点でそうだが、ここでもその答えをだしたのは、オックスフォード大学のW・D・ハミルトンである。それは含蓄に富むと同時に、フィッシャーが提起した性比論全体を要約するものでもある。ミツバチの性比の謎を解く鍵は、スウォーム（分封）という注目すべき現象にある。巣箱は多くの点で一つの個体に似ている。それは成熟して繁殖し、ついには死んでいく。巣箱の繁殖の産物がスウォームなのである。夏の真っ盛り、巣箱はきわめてさかんな活動のあと、娘コロニー――スウォーム――を産み落とす。スウォームを生みだすことは巣箱にとっては繁殖と同義である。巣箱が工場だとすると、スウォームは親コロニーの貴重な遺伝子をたずさえた最終産物である。スウォームは一匹の女王バチと数千匹のワーカーからなっている。彼女らはみな一団となって親巣箱を離れ、木の大枝や岩からぶらさがったかたちで高密度の密集体形をとる。彼女らはそれをかりの宿営地として、新しい永久の住みかを探し求めるのだ。数日以内に、彼女らは洞窟かうろのある木を見つける（あるいは、今日ではもとの養蜂家にとらえられ、新しい巣箱に入れられるほうが普通である）。

娘スウォームを産み落とすのは活動のさかんな巣箱の務めである。その第一歩は、新しい女王をつくること。普通は五、六匹の女王が産みつけられるが、そのうちの一匹だけが生きのびる運命にある。卵から最初にかえった女王が他のものを残らず刺し殺す（おそらく、余分な女王は保険の意味でそこに産みつけられたのだろう）。女王は遺伝子的にはワーカーと互換性があるのだが、巣の下のほうの女王用特別室で育てられ、滋養豊かな女王用特別食を与えられる。この食事にはローヤルゼリーも含まれているが、小説家のバーバラ・カートランド女史は自分の長寿と女王のごとき物腰のもとがこのローヤルゼリーだとロマンティックに物語っている。ワーカーのミツバチが育てられる部屋は小さく、いずれは蜜の貯蔵庫として使われる部屋である。雄バチは遺伝的に異なっていて、彼らは未受精卵から生まれる。驚くべきことに、卵が雄バチになるか雌バチ（女王あるいはワーカー）になるかは女王しだいである。女王バチは成虫になった最初のただ一回の結婚飛行で交尾するだけで、あとは一生精子を体内に貯えておく。卵が一つ一つ卵管をくだっていくと、女王は小さな受精嚢から精子をそれぞれの卵に放出して受精させたり、しなかったりする。そのため、女王が卵の性比を調整していることになる。とはいっても、そのあとはワーカーが幼虫の食料供給を調整するので、すべての権力は彼らが握っているとも思われる。たとえば、ワーカーたちは女王が雄の卵を産みすぎたと（彼らの観点から）思うと、雄の幼虫を餓死させることもできるのだ。いずれにせよ、ワーカーは雌の卵がワーカーと女王のどちらになるかの決定権を握っている。なぜなら、それは養育環境、ことに食事によって決まるからである。

さて、ここで性比の問題に立ち返って、ワーカーが迫られる決定に目を向けてみよう。すでに見てきたように、ワーカーは女王とちがって、息子か娘かという選択ではなくて、弟（雄バチ）か妹（若い女王バチ）のいずれをつくりだすかという選択をするのである。そこで例の難問に戻ることになる。というのは、実際の性比はとびぬけて雄にかたよっているので、これではフィッシャーの観点からすると理屈に合わないのである。先に言ったように、選択は弟にするか妹にするかである。だが、ちょっと待ってほしい。弟を育てようという決断は、実際それだけのことである。つまり、一匹の雄バチを育てるのに必要な食物やいっさいを巣箱で提供することを意味する。ところが、新しい女王を育てようと決心すれば、一匹の女王バチを養うのに必要な資源よりもはるかに多くを巣箱が負担することになる。女王を育てるという決定はスウォームをつくることと同じ意味だからである。新女王の養育にかかる真のコストのうち、彼女が食べる少量のローヤルゼリーと餌はごくわずかを占めるだけである。そのほとんどを占めるのは、スウォームが飛び立つときに巣箱から消えることになる何千ものワーカーをつくるコストなのである。

これが、一見異常に雄にかたよっている性比の本当の説明であることはほぼたしかである。それは前に私が論じていたことの極端な例であることがわかる。フィッシャーの原理によれば、雄や雌の個体数ではなく、雄と雌にかかる養育コストは同じでなければならない。新女王にかかる出費には、本来だったら巣箱から失われずにすむはずのワーカーにかかる膨大な出費が必然的にともなう。これは、前に仮定したアザラシの集団で、一方の性は養育コストが他方の二倍かかり、そのかわり数が半分だったのと似ている。ハチの場合、女王はスウォームに必要な余分のワーカーにかかる費用の全部を背負いこむので、雄バチの何百何千倍も費用がかかることになる。だから、女王の数は雄バチの数百分の一と少ないのだ。この奇妙な物語には妙なひねりがきいている。というのは、スウォームが巣箱を離れるとき、なぜかそれに加わっているのは古い女王バチで新しい女王バチではない。それでも経済的な側面は同じである。新女王をつくろうという決定には、古い女王を新しい住みかまでエスコートするのに必要なスウォームにかかる支出が必然的にともなうからである。

性比の議論の締めくくりとして、振りだしに戻り、ハーレムの難問を考えることにしよう。独身の雄の大群が集団の食料源のほぼ半分（あるいは半分以上）を消費しながら、繁殖もせず、何ら役に立つことをしないという、浪費の激しい仕組みである。明らかに、ここでは集団の経済的な富が最大化されてはいない。では、何が行なわれているのだろうか？　ここでもまた、決定者――たとえば、孫の数を最大化するためには、息子をもつべきか娘にするべきかを決めようとしている母親――の立場に立ってみることにしよう。単純に一見しただけでは、母親の決定はかたよったものである。「おそらくは独身で一生を終え、孫を全然私に恵んでくれない息子をもつべきか、それともおそらくはハーレムで一生をすごし、私にかなりの数の孫を恵んでくれる娘をもつべきだろうか？」この未来の親への正しい答えはこうなるだろう。「でも、息子をもてば、彼はハーレムの主として一生を終えるかもしれないし、もしそうなれば、あなたは娘を通じては望めないほどはるかに大勢の孫に恵まれるだろう」。わかりやすくするために、すべての雌の繁殖率が平均的で、雄の一〇匹のうち九匹が全然繁殖しないかわりに、残る一匹が雌を独占すると仮定してみよう。もし娘をもてば、平均的な数の孫が期待できる。息子をもてば孫に恵まれない可能性が九〇パーセントだが、平均の一〇倍もの孫に恵まれるチャンスが一〇パーセントあることになる。平均すれば、息子経由で期待できる孫の数は、娘経由で期待できる孫の数と同じになる。たとえ、種のレベルでの経済的理由では雌を余分に必要としていても、自然淘汰はやはり五〇対五〇という性比を支持するのである。フィッシャーの原理は依然として正しい。

ここまで、私は個々の動物の「決定」という点から考察してきたが、これは近道をしたにすぎないことを重ねてことわっておきたい。実際にはどうなっているかといえば、孫の数を最大化することに「与する」遺伝子が遺伝子プールのなかで増えているということである。世界は首尾よく時代を越えて伝わってきた遺伝子でいっぱいになる。遺伝子にとって、子孫の数を最大化するように個体の決定に影響をおよぼす以外に、首尾よく時代を越えていく方法があるだろうか？　フィッシャーの性比学説は、この最大化がどのようになされるかを、またそれは種や集団の経済的な幸福の最大化とはまったく異なることを教えてくれる。ここには効用関数があるが、それはわれわれ人間の経済中心の頭に浮かぶような効用関数とはかけ離れている。

ハーレム経済のむだは、次のように要約できる。雄は、役に立つ仕事に没頭するどころか、雄同士のむなしい闘争にエネルギーと力を惜しみなく使う。たとえ「役に立つ」という言葉をダーウィン式に子供の養育に関与することと定義しても、このことはたしかである。もし雄たちが仲間同士との闘争に費やしているエネルギーを役に立つほうに振り向ければ、種全体としては苦労も少なく、食料の消費量も少なくてすみ、より多くの子供を育てられるだろう。

労働問題の専門家がゾウアザラシの世界を眺めたら肝をつぶすことだろう。それは以下のような労働状況に似たようなものである。ある作業場ではちょうど一〇台しか旋盤がないので、それを稼働させるには一〇人しか労働者を必要としない。経営者は一〇人の労働者を雇うかわりに一〇〇人雇うことに決めた。毎日一〇〇人の労働者の全部が姿をあらわし、給料を受け取る。それから彼らは一〇台の旋盤の奪いあいで一日をつぶす。製品もいくらかは旋盤でつくられるが、一〇人しかいないときとせいぜい同じ量か、もっと少しにとどまる。というのも、一〇〇人は喧嘩するのに忙しく、旋盤が効率よく使われていないからである。労働問題の専門家は、何の疑いもはさまずに結論をくだすだろう。労働者の九〇パーセントは余剰であり、したがって彼らには職権でそう宣言して馘首するべきだ、と。

雄の動物が努力を浪費する――「浪費する」は、ここでも人間の経済学者や労働問題専門家の観点から定義されている――のは、肉体的な闘争にかぎられるわけではない。多くの種では美人コンテストも行なわれるのである。そのために、経済的には直接意味をもつわけではないけれども、われわれ人間にも理解できる効用関数がもう一つあったことが思いだされる。感覚に訴える美しさである。どうやら、神の効用関数はミス・ワールド・コンテスト（ありがたいことに、いまでは下火になっているが）の線にそって、ただし雄が花道をパレードするかたちで、つくられているように見えるかもしれない。このコンテストはライチョウやエリマキシギのような鳥たちのいわゆるレックではっきりと見られる。「レック」というのは雄が雌の前でパレードをするのに伝統的に使われる求愛の場所のことである。雌はレックを訪れ、大勢の雄がこれ見よがしに演技するのを観察してから、一羽を選びだして彼と交尾するのである。レックに集まる種の雄はしばしば異様な装飾をつけ、これまた目立つように頭を下げ、あるいはひょこひょこ動かし、奇声を発するなど、ここぞとばかりに自分を誇示する。「異様な」というのは、むろん人間の主観的な価値判断である。求愛するキジライチョウは、コルク栓を抜くような音に合わせて身体をふくらませて踊るが、おそらく彼らと同じ種の雌にはなんら異様に見えるわけではなく、むしろ、それこそが肝腎なのである。場合によっては、雌鳥の美的な感覚がわれわれと一致することもあり、その結果がクジャクやゴクラクチョウなのである。

ナイチンゲールの歌声、キジの尾、ホタルの光、熱帯スズメダイの虹色の鱗、これらはみな、感覚に訴える美しさを最大化している。だが、それは人間を喜ばせるためなのではなく、まったく偶然に人間の好みに合っただけなのである。われわれがその美しさに喜びを感ずるとしても、それは思いもかけないおまけであって、単なる副産物にすぎない。雄を雌にとって魅力あるものにする遺伝子は、自然のなりゆきとしてデジタルの川を未来へとくだっていく。こうした美しさが意味をなすような効用関数は、一つだけしかない。それはゾウアザラシの性比や、イーターとアンテロープが争う表面的にはむなしい競走、カッコウとシラミ、眼と耳と気管、アリの不妊のワーカーと繁殖力旺盛な女王アリなどを説明するものと同じである。すべてに共通する深遠な効用関数（生命の世界のあらゆる局面で、たゆみなく最大化されつつある量）は、いずれの場合にもDNAの生存であって、われわれが解明しようとする特徴は、すべてそこからきているのである。

クジャクが身にまとう装飾品はとても重くて荷厄介なため、たとえ彼らが何か役に立つ仕事をしようと思っても——概して、そんなことは思わないが——その努力の妨げになることおびただしい。鳴き鳥の雄は時間とエネルギーを危険なほどにさえずることに傾ける。これはたしかに彼らを危険におとしいれる。なぜなら、それは捕食者をひきつけるばかりでなく、エネルギーを消耗させるし、そのエネルギーを補給する時間まで奪ってしまうからだ。ミソサザイの研究家は、一羽の野生の雄が文字通りさえずりすぎで死んだと主張している。いかなる効用関数でも、種の長期的な繁栄を深く心にかけ、この特定の個体の雄の長期的な生存を大事にするのなら、さえずる量や、誇示する装飾の量や、雄同士の闘争量を減らすのではなかろうか。しかし、真に最大化されているのはDNAの生存なのだから、雄を雌の眼に美しく見せること以外には何の益もないDNAの拡大は、何をもってしても止められないのである。美しさは本質的に絶対の価値ではない。だが、もし何にせよ、ある遺伝子が雄たちに与えた特性をその種の雌たちが望ましく感じるとすれば、その遺伝子はいやおうなく生きのびていくだろう。

森の樹木はなぜあれほど高くのびているのだろうか？　ライヴァルの樹を圧倒するためである。「分別のある」効用関数であれば、樹木をすべて低くするだろう。そうすれば、まったく同じ量の日光を受けるから、太い幹やそれをささえるどっしりした基部にかかる出費ははるかに少なくてすむだろう。しかし、もしすべての樹木が低かったら、自然淘汰はどうしても高くのびる変異体を支持せざるをえないだろう。賭け金が引き上げられれば、他のものも右にならうしかなくなる。何をもってしても、すべての樹木が途方もなくむだに高くのびるまでエスカレートするゲーム全体をとどめることはできないのである。効率一点張りの合理的な経済計画を立案する人間の観点からすれば、それはばかげているし、むだである。しかし、真の効用関数とは遺伝子が自らの生存を最大化しつつあることだとひとたび理解すれば、すべては理にかなっている。それに似た身近な例はたくさんある。カクテル・パーティで声がかれるほど大声で叫ぶ人がいるが、そうする理由は周囲の誰もがあらんかぎりの声で叫んでいるからだ。客たちが小声で話す申しあわせができさえすれば、声にこめる力を少なくしてエネルギーの消費を減らしても、同じぐらいはっきりと話が聞きとれる。だが、警察が眼を光らせているのでもなければ、そんな申しあわせは効き目がない。きっと誰かが勝手に少し大声で話しはじめて申しあわせをだいなしにし、一人また一人とその真似をして全員がそうせずにいられなくなる。すべての人があらんかぎりの大声でわめきだすようになるまでは安定した均衡状態に達しないし、それは「合理的な」観点から必要とされるよりもはるかにうるさい。申しあわせによる抑制は、内部の不安定さから再三再四破られる。神の効用関数はめったに最大多数の最大幸福とはならない。神の効用関数の本来の姿は、自己本位の利益を求める協調性のない争奪戦にあるのだ。

人間にはかなりいじらしいところがあって、幸福とは集団の幸福を意味し、「善」とは社会にとっての善であり、種やひいては生態系の未来の繁栄を意味すると考える傾向がある。自然淘汰というものの要諦を熟考したうえで引きだされた神の効用関数は、そうしたユートピア的な発想とは情けなくなるほどに相容れないのである。たしかに、遺伝子が生体レベルでの非利己的な協力やときには自己犠牲をプログラミングすることによって、遺伝子レベルの利己的な繁栄を最大化する場合もある。だが、集団の幸福とは偶然の結果であって、それを追求することが本質なのではない。これが「利己的な遺伝子」という言葉の意味である。

神の効用関数のもう一つの側面を眺めてみようと思うが、まず一つのたとえ話から始めたい。ダーウィン主義の心理学者ニコラス・ハンフリーはヘンリー・フォードについての事実をすばらしいかたちにまとめあげた。製造効率の守護神とも言えるフォードについては、かつてこういうエピソードが「伝えられている」。

フォードは、アメリカの自動車のスクラップ置場にあるフォードT型の部品でどこも傷んでいないものがあるかどうかを調べるよう部下に命じた。調査係はほとんどすべての種類に故障が見られたという報告を持ち帰った——車軸もブレーキもピストンもすべてが故障をまぬがれなかった。だが、注目すべき一つの例外が関心を集めた。スクラップにされたどの車も、キングピンだけはかならずまだ寿命まで数年あるというのだ。フォードは非情な論法で、T型のキングピンは分不相応に立派すぎるとの結論を下し、将来は仕様の質を落とすようにと命じたのである。

私と同じく、読者もキングピンがどんなものかはあまりご存じないかもしれないが、それはたいしたことではない。とにかく、自動車に必要な部品であり、実際の話、伝えられるフォードの非情さは完全に論理的である。もう一つの選択肢は、自動車の他のすべての部品を改良してキングピンの水準に引き上げることだっただろう。でも、それではフォードが製造するのはT型ではなくてロールスロイスになってしまうし、それは彼の事業の目的ではなかった。ロールスロイスは製造する価値のある立派な車であるし、T型もそうだが、それぞれ価格がちがう。賢いやりかたは、車全体をロールスロイスの仕様でつくるか、それとも車全体をモデルTの仕様でつくるかに徹することなのだ。T型の品質の部品とロールスロイスの品質の部品をとりまぜてハイブリッド車をつくったりすれば、出来上がりはどちら側から見ても最悪になるだろう。なぜなら、部品のいちばん弱いところがすり減ってしまえば車は捨てられるだろうし、すり減るチャンスもない高品質の部品にかけた費用がむだになるばかりだからだ。

フォードの教訓は自動車よりも生物体にこそよくあてはまる。というのも、車ならある範囲内でスペアとの交換ができるからである。サル類やテナガザルは樹上で生活しており、落下して背骨を折る危険がつねにある。たとえば、サルの死骸を調べて主な骨のそれぞれの骨折頻度を数えるよう依頼したとしよう。その結果、一つの例外を除いて全部の骨が時期はともかく骨折したことがあり、腓骨（脛骨に平行している骨）だけはどのサルにも骨折が観察されなかったとする。ヘンリー・フォードならためらうことなく、腓骨の仕様の質を落とせと命ずることだろう。それこそまさに自然淘汰がすることでもある。突然変異によって質が劣った腓骨をもって生まれた個体――成長原則によって貴重なカルシウムを腓骨から他のところへ振り向けるよう指令された突然変異体――は、節約できた分のカルシウムで体内の他の骨を太くするのに使うことができ、その結果、すべての骨の折れやすさを等しくするという理想を達成することができる。あるいは、その突然変異体は節約できたカルシウムを乳をたくさん出すのに使える結果、より多くの子供を育てることができるかもしれない。少なくとも、その次に強い骨と折れやすさが同じ程度までは腓骨の質を落としてもさしつかえないのだ。別の選択肢――他のすべての部品を腓骨並みに引き上げるという「ロールスロイス」型の解決策――は、とうてい実行できそうもない。

もっとも、実際の計算はこれほど単純ではない。なぜなら、骨によって重要度が異なるからである。クモザルの場合、踵骨が折れても上膊骨が折れるよりも生きのびやすいだろうと思われる。だから、自然淘汰がすべての骨の折れやすさをまったく同じにするものと、文字通りに考えるべきではない。だが、ヘンリー・フォードの伝説の教える教訓は疑う余地なく正しい。ある動物で一つの部品がよくできすぎていることはありうるし、その場合には他の部分の品質より劣るほどではなく、釣り合いが取れるほどに低下させることを自然淘汰は選り好みすると考えるべきである。もっと正確に言うなら、自然淘汰は上向きにも下向きにも品質のレベルをならして、身体のあらゆる部分に適切なバランスが取れるようにすることを支持するのである。

このバランスの問題は、生命のかなり異なった二つの面を比較検討するととくにわかりやすい。たとえば、雄のクジャクの生存と雌のクジャクの眼に映るその美しさの対比である。ダーウィンの理論は、生存はすべて遺伝子の増殖という目的のための手段にすぎないと教えている。だからといって、われわれが体を分割して、脚のように主として個体の生存に関与する部分や、ペニスのように繁殖に関与する部分に分けて考えてはいけないということにはならない。あるいはシカの枝角のようにライヴァルの個体との争いに使われる部分と、脚やペニスのようにライヴァルの個体の存在とは無関係に重要な部分とを対比させてもよいだろう。多くの昆虫はその生涯のあいだに根本的に異なる成長段階ごとに厳密な区別をつけている。青虫は餌を集めては成長することに没頭する。チョウは自分が訪れる花の姿に似ていて、もっぱら繁殖につとめる。チョウは成長せず、花蜜を吸いあげてもすぐに飛行燃料として燃焼させる。チョウが繁殖に成功すれば、ただ効率的に飛行と交尾をするチョウとしてだけではなく、チョウになる前に青虫として効率的に餌を食べる遺伝子を伝え拡げるのである。カゲロウは三年近くのあいだ水生幼虫として餌を食べて成長する。やがて飛翔する成虫として水からあらわれるが、その生命は数時間である。彼らの多くは魚に食べられてしまうが、たとえ食べられなくても、どのみち彼らは死ぬのである。なぜなら彼らは餌が取れず、消化管すらもっていないからである（ヘンリー・フォードなら彼らを愛したことだろう）。彼らの仕事は交尾の相手を見つけるまで飛ぶことである。その後、遺伝子を――三年間水中で餌を食べる効率的な幼虫としての遺伝子も含めて――伝えてしまうと、死んでゆく。まるで数年かかって成長し、ただ一日だけの栄光の日に花を咲かせて枯れる樹木のようである。成虫のカゲロウは生命の終わりと新しい生命の始まりのときに咲くつかのまの花なのだ。

サケの稚魚は生まれた川をくだり、海で一生のほとんどをすごしながら餌を食べ、成長する。そして成熟しきると、生まれた川の河口をおそらく匂いによってふたたび探しあてる。叙事詩を思わせるその旅はよく知られているが、その旅のあいだサケは上流へとさかのぼり、滝や激流を跳ね越えて、生まれてすぐにとびだした上流のふるさとをめざすのである。そこで産卵をすませると、すべてが振りだしに戻る。この点で、大西洋サケと太平洋サケはいちじるしく異なるところがある。大西洋サケは産卵をすませると、多くがまた海に戻っていき、もう一度周遊旅行をする機会に恵まれることがある。太平洋サケは精力を使いはたして、産卵がすむと数日のうちに死ぬのである。

典型的な太平洋サケはカゲロウと似てはいるが、生活史には幼虫期と成虫期といった形態的に明確な区別はない。上流へさかのぼっていくのはたいへんな苦労の連続なので、同じことを二度もする余力はない。したがって、自然淘汰は一回の「ビッグバン」的な産卵に資源の最後のひと絞りまで注ぎこむ個体を支持する。産卵のあとに残った資源は、ヘンリー・フォードの出来のよすぎるキングピンと同じで、むだになるのである。太平洋サケは産卵後の生存能力をゼロに近くそぎ落とすほうへ進化してきて、節約された資源を卵や精巣に振り向けた。大西洋サケは逆の道筋へ引っ張られていった。彼らがさかのぼる川は概して短く、あまり険しくない丘陵から湧きだしているせいか、二度目の繁殖のサイクルに備えていくばくかの資源を残す個体が、時には二度目の繁殖をうまくやってのけることができるのだろう。大西洋サケが払うべき代償は、産卵にあまり専念できないことである。長寿かそれとも繁殖かという二者択一の条件があって、二種のサケはそれぞれ異なるほうを選んだのだ。サケのライフサイクルのとくに目立つ特徴は、移動という骨の折れる放浪の旅ゆえに不連続性が介在することだ。一度目と二度目の産卵期になだらかな連続性がない。二度目の産卵に挑戦しても、効率は最初のときよりも激減する。太平洋サケは最初の産卵期に徹底的に専念するほうへ進化し、その結果、典型的な個体は一度の産卵という大仕事の直後に間違いなく死ぬ。

すべての生命には同じような二者択一的な条件がつきものだが、普通はそれほど劇的ではない。われわれ自身の死も、おそらくはサケの場合と同じような意味でプログラムされているのだろうが、それほど徹底した、明確なかたちをとらない。疑いもなく、優生学者なら最高に長生きする人種をつくりだすことができるだろう。子供を犠牲にして、資源のほとんどを自分の身体のために注ぎこむような個人を選んで繁殖させるのである。たとえば、骨ががっしりと強化されていて折れにくいかわりに、乳をつくるカルシウムがほとんど残らないような個人である。次の世代を犠牲にして甘やかして育てれば、少し余計に長生きさせるのは簡単だ。優生学者は甘やかして大事に育て、長寿という望ましいほうの条件を活用することができる。だが、自然はそんなふうに甘やかして育てたりはしない。なぜなら、次の世代の芽を切りつめるような遺伝子は未来に浸透していけないからである。

自然の効用関数は長寿をそれ自身のために重んずることはなく、将来の繁殖に役立つかぎりでのみ重んずる。太平洋サケとはちがって、われわれのように一度ならず子を産む動物は、現在の子供（または一腹子）か将来の子供かという二者択一を迫られる。最初の一腹の子にすべてのエネルギーと資源を注ぎこんだウサギは、たぶん一回目の出産で優秀な子に恵まれるだろうが、二回目の出産まで彼女をもちこたえさせるだけの資源はもう残っていないだろう。いくばくかの資源を予備にとっておく遺伝子は、二腹目や三腹目の子の身体を通じてウサギの個体群全体に広がるだろう。太平洋サケの個体群全体に広がらなかったのがきわめてはっきりしているのが、こうした種類の遺伝子である。なぜなら、一回目と二回目の産卵シーズンのあいだの実質的な連続性のなさがあまりにも桁はずれだからである。

われわれが年齢を重ねるにつれて、一年以内に死ぬ可能性をグラフにすると、最初に低下したあと水平状態がしばらくつづき、やがて長い上り坂に入る。この長期的な死亡率の上昇のあいだに何が起こっているのだろうか？　それは基本的には太平洋サケにあてはまるのと同じ原理が、お祭り騒ぎのような産卵後の短期的で急激な死の饗宴のかたちに凝縮されず、長期的に引き延ばされているのである。老化がいかに進化したかという原理は、ノーベル賞を受賞した医学者サー・ピーター・メダワーによって一九五〇年代初期に研究され、その基本的な考えをもとに、ダーウィン主義者のG・C・ウィリアムズとW・D・ハミルトンによってさまざまな修正が加えられた。

本質的な議論は次のようになる。まず1章で見てきたように、いかなる遺伝子の影響も普通は生物の生涯の特定の時期に発現する。多くの遺伝子は胚発生の初期に発現するが、なかには——アメリカン・フォークのシンガーソング・ライター、ウディ・ガスリーの悲劇的な死を招いたハンティントン舞踏病のように——中年になるまで発現しないものもある。ハンティントン舞踏病の遺伝子をもつ男性は、その病気で死ぬことが予測されるが、本人が四十歳で死ぬか、あるいはウディ・ガスリーのように五十五歳で死ぬかは、他の遺伝子の影響によるのであろう。だから「変更」遺伝子の自然淘汰によって、特定の遺伝子の行動時期は進化的な時間が経過するあいだに延期されたり、繰り上げられたりすることになる。

ハンティントン舞踏病の遺伝子のように、三十五歳から五十五歳のあいだに発現する遺伝子は、その持主を殺す前に次の世代へ伝えられる機会がたくさんある。しかし、もしそれが二十歳で発現すれば、比較的若いうちに結婚する人びとによってしか伝えられないので、自然淘汰によってかなり強く排除されるだろう。それが十歳で発現したら、次の世代へ伝えられることはまず絶対にない。自然淘汰はハンティントン舞踏病の遺伝子の発現年齢を遅らせるほうに働く変更遺伝子を支持するだろう。メダワー／ウィリアムズ理論によると、まさにその理由によって、この病気は中年になるまで発現しないのである。大昔には、たぶんそれは早く成熟する遺伝子だったのだが、自然淘汰は致死効果を中年まで遅らせる方向へ支持してきたのだ。いまでもそれを老年へもちこそうというかすかな圧力が働いているのは間違いないが、子供をつくって遺伝子を伝えないうちに死ぬ犠牲者がほとんどいないために、その圧力は弱いのである。

ハンティントン舞踏病の遺伝子はことのほか明解な致死遺伝子の例である。なかには、本質的には致死的ではないにもかかわらず、他の原因で死ぬ可能性を高める効果をもつために亜致死遺伝子と呼ばれる遺伝子がある。これもやはり発現する時期は変更遺伝子の影響を受ける可能性があり、したがって自然淘汰によって延期されたり早められたりする。メダワーの理解によると、老衰は致死遺伝子と亜致死遺伝子の影響が蓄積されたものであり、それらはライフサイクルの後へ後へと押しやられ、発現が遅いというそれだけの理由で生殖の網の目をくぐり抜けて次の世代へすべりこむことができたのである。

一九五七年にその説に別の観点から取り組んだアメリカの代表的なダーウィン主義

者、G・C・ウィリアムズの考え方は重要である。それは先に述べた経済的な二者択一という点に立ち返るものである。それを理解するには、背景となる事実を二つほど確認しておかなければならない。遺伝子が生む結果は普通一つだけではなく、表面的にはかなり異なる身体の部分に影響をおよぼす。この「多面発現性」は事実であるし、遺伝子が胚発生に影響をおよぼし、胚発生は複雑なプロセスであることを考えれば、当然十分に予期されることである。だから、新しい突然変異はどれも、一つだけでなくいくつもの影響をおよぼすことになりそうである。その影響の一つは利益をもたらすかもしれないが、二つ以上がそうだとは考えられない。それもひとえに、ほとんどの突然変異の影響はよくないものだからである。これは事実だが、それだけでなく原理的にも予期できることである。たとえばラジオのような複雑な機能をもつメカニズムの場合、それを良くするやり方よりも悪くするやり方のほうがいろいろとあるのと同じである。

若いときに利益をもたらす——たとえば若い男の性的な魅力——という理由で、自然淘汰がある遺伝子を選り好みするとき、そこにはつねに、たとえば中年あるいは老年になってから特定の病気にかかるといった裏の面がある。理論的には、年齢の影響はそれを克服する手段になりうるはずだが、メダワーの論法によると、自然淘汰は、同じ遺伝子が老年に良い影響をおよぼすからといって、若いときの疾病を選り好みすることはまずないという。さらには、例の変更遺伝子についての論点をここでも援用することができる。ある遺伝子のいくつかの影響は、良いものも悪いものも、それぞれにその後の進化で発現時期を変更される可能性がある。メダワー説によると、良い影響は発現時期を一生のうちの早い時期に移され、悪い影響は遅い時期まで延期されるだろうという。さらに言うと、場合によっては早期の発現と後期の発現のいずれを選ぶかという二者択一を真っ向から迫られることもある。サケについての議論にこのことは含まれていた。もしある動物が費やせる資源、たとえば肉体的に頑強になって危険も飛び越えることができる資質にかぎりがあるとすると、それを若いときに使う傾向のほうがあとで使う傾向よりも自然淘汰によって選り好みされるだろう。遅くなってから使う個体は、その資源を使う機会に恵まれないうちに、別の何らかの原因で死亡してしまう可能性が多いだろう。1章で紹介した言葉を裏返しにして、メダワーの論点全体を言い換えると、次のようになる。すべての人は祖先という途切れることのない系列をくだってきたのであり、この祖先はすべて一生のうちのある時期には若かったが、その多くは決して老人になることがなかった。したがって、われわれはみな若者となるのに必要なものはすべて受け継いでいるが、老人になるために必要なものをすべて受け継いでいるとはかぎらない。われわれが受け継いでいる遺伝子は概して、生まれてからずっとあとに死ぬためのもので、生まれてすぐ死ぬためのものではない。

本章の始めのほうで述べた悲観的な考え方に話題を戻して、効用関数――最大化されつつあるもの――はDNAの生存であるとすると、これは幸福になるための処方ではない。DNAが伝えられさえすれば、その過程で誰が、あるいは何が傷つこうとかまわないのである。ダーウィンのヒメバチの遺伝子にとっては、芋虫が生きていて、それゆえに食べるときに新鮮なほうがよいのであって、相手の苦痛がどれだけあろうと関係がないのである。遺伝子は苦痛を気にかけたりしない。なぜなら、何事もいっさい気にかけないからだ。

もし自然がやさしいのであれば、せめて芋虫が生きたまま食われる前に麻酔をするぐらいの小さな譲歩をするだろう。だが、自然は親切でもないし、不親切でもないのだ。苦痛に反対でも賛成でもない。いずれにしろ、自然はDNAの生存に影響をおよぼさないかぎり苦しみには関心がない。たとえば、ガゼルが致命的な噛み傷を負いそうなときにガゼルを鎮静させるような遺伝子を想像することはたやすい。そのような遺伝子は、自然淘汰に選り好みされるだろうか？　ガゼルを鎮静させることによって、遺伝子が増殖しやすくなって将来の世代へ伝えられる機会が増えるのでないかぎり、否である。そうなるとは考えにくく、ガゼルが追いつめられて死ぬ――彼らのほとんどが結局そういう運命をたどる――ときには、恐ろしい苦痛と恐怖に苦しむことは想像に難くない。自然界における一年あたりの苦痛の総量は、まともに考えられる量をはるかに越えている。私がこの一文を考えている瞬間にも、何千もの動物が生きたまま食われているし、恐怖に震えながら命からがら逃げている動物もいるだろうし、身体の内部からいらだたしい寄生虫に徐々にむさぼり食われているものもいる。また、あらゆる種類の何千という動物が飢えや渇きや病気で死につつあるのだ。そうにちがいない。たとえ豊饒のときがあるとしても、それは自動的に個体数の増加につながり、結局は飢餓と悲惨という自然な状態に戻るのである。

神学者は「悪の問題」とそれに関連する「苦痛の問題」につねに頭を悩ませてきた。私が最初にこの章を書いた日、イギリスの新聞はいっせいに恐ろしい事件を報じた。ローマ・カトリックの学校から帰る人勢の学童を乗せたバスが明らかな理由もなく衝突事故を起こし、多数の生命が奪われたのである。そしてロンドンの新聞（『サンデー・テレグラフ』）の記者が「このような悲劇を許すとしたら、慈愛にみちた全能の神を信じることができようか？」と神学的な疑問を投げかけたとき、聖職者たちは何度目かの周期的な発作を起こした。記事につづいて次のような牧師の答えが引用されていた。「端的にいって、このような恐ろしいことが起こるのを黙視する神が存在する理由はわかりません。それでも、衝突の恐怖は、私たちクリスチャンにとって、私たちが積極的であると消極的であるとを問わず真実の価値の世界に生きているという事実を確認させてくれるものです。もし世界がエレクトロン（電子）でしかなかったなら、悪の問題も苦痛の問題もないでしょうから」。

それどころか、もし世界がエレクトロンと利己的な遺伝子だけだったら、このバスの衝突のように無意味な悲劇こそ、同じように無意味なよき未来とあわせて、まさにわれわれが予期しなければならないことなのだ。そのような世界には意図の善悪などないだろう。それはいかなるたぐいの意図を明示することもないだろう。見境のない物理的な力と遺伝子の複製しかない世界では、傷つく人もいれば、幸運に恵まれる人もいて、そこには理由も何もなく、正義などというものもない。われわれが観察する世界の特徴は、実際にいかなる設計も目的もなく、善も悪もなくて、ただ見境のない非情な無関心しかない世界に当然予想される特徴そのものなのである。かの不幸な詩人、A・E・ハウスマンはこう書いている。

なぜなら自然は、無情で、無分別な自然は何も知らず、何も気にしないからだ。

ＤＮＡは何も知らず、何も気にかけない。ＤＮＡはただ存在するのみであり、われわれはそれが奏でる音楽に合わせて踊っているのである。

5　自己複製爆弾

わが太陽を典型とする恒星のほとんどは、数十億年にわたり着実に燃えつづけている。ごくまれに、銀河系のどこかで、ある恒星が明らかな前兆も示さずに突如として激しく燃え上がり、超新星になる。それは数週間のあいだ何十億倍も輝きを増し、やがて鎮静して輝きを失った残骸だけが残る。超新星となってさかりの数日のあいだに、その恒星はそれまでの数億年のあいだに普通の恒星として放出したよりも多くのエネルギーを放射することだろう。もしわれわれの太陽が「超新星に変わる」としたら、その瞬間に太陽系全体が蒸発してしまうだろう。幸いにしてそういうことが起こる可能性は非常に小さい。一〇〇〇億個もの恒星からなるわが銀河系で、天文学者によって記録された超新星は、一〇五四年、一五七二年、一六〇四年のわずか三個のみである。蟹星雲は中国の天文学者が記録した一〇五四年の出来事の残骸である（一〇五四年、一〇五四年の出来事といっても、その出来事が起こった年ではなく、その情報が地球に到達した年を意味していることは言うまでもない。現象自体は六〇〇〇年前に起こったのであり、その最初の光が地球に届いたのが一〇五四年なのである)。一六〇四年以降、観察された超新星は他の銀河系に属するものしかない。

恒星が経験する爆発には、もう一つのタイプがある。それは「超新星になる」のではなく「情報を生みだす」爆発である。その爆発は、超新星よりもゆっくりと始まり、発達するまで、比較にならないほど長い時間がかかる。それは情報爆弾とも言えるもので、あとで明らかになる理由から複製爆弾とも呼ぶことができる。複製爆弾が発達する最初の数十億年のあいだ、至近距離にいればそれが感知できるだろう。ついには、爆発の微妙なあらわれが、宇宙のもっと遠く離れた場所へ漏出しはじめ、少なくとも可能性としては、はるか遠くからも感知できるようになる。この種の爆発がどのようにして終わるのかはわからない。おそらく、いずれは超新星のように消えていくのかもしれないが、そもそもそれが一般にはどこまで発達するのかもわからないのである。ひょっとすると、激しい自己破壊的な破局まで進むのか。あるいはまた物体をもっと緩やかに繰り返し放出する程度に高まるのかもしれない。放出された物体は単純な弾道軌道とは異なる軌道に誘導されて恒星を離れ、宇宙の遠く離れた場所に達して、そこで同じような爆発傾向をもつ他の恒星系に影響をおよぼすのかもしれない。

宇宙の複製爆弾についてほとんどわかっていないのは、われわれがこれまで、ただ一つの実例しか見ていないからであって、どんな現象でも一つだけの例では、一般論の基礎とするには不十分である。われわれの経験している一例の歴史はいまも進行中である。それは三〇億ないし四〇億年ものあいだ進行してきて、恒星のごく近くからあふれだす限界に達したばかりである。その恒星とはソールであり、われわれの銀河系の縁のあたりの渦状腕の一つに位置する、黄色矮星である。われわれはそれを太陽と呼んでいる。実際に爆発が始まったのは、太陽をめぐる近接した軌道にある一つの惑星だが、爆発を推進するエネルギーはすべて太陽からきている。その惑星とはもちろん地球である。四〇億年もかけた爆発、すなわち複製爆弾は生命と呼ばれている。われわれ人類は、この複製爆弾のとりわけ重要な徴候の一つである。なぜなら、われわれ――われわれの脳、記号文化、テクノロジー――を通じてこそ、爆発は次の段階へと進行し、宇宙の深部へ浸透してゆく可能性があるからだ。

　すでに述べたように、われわれの知るかぎり、この複製爆弾は現在までのところ宇宙でただ一つのものだが、だからといって、必ずしも、この種の出来事が超新星よりもまれだという意味ではない。実のところ、超新星はこれまでわれわれの銀河系で三回も感知されているが、そうはいっても、超新星は膨大なエネルギーを放出するために、遠距離からずっと容易に観察しやすいのだ。人工の電波をこの惑星から発信しはじめた数十年前まで、われわれ自身の生命の爆発は、ごく近くの惑星からも感知されはしなかっただろう。最近まで、生命の爆発の顕著な徴候は、たぶんグレート・バリア・リーフ〔オーストラリアの世界最大の珊瑚礁〕だけだったのではなかろうか。

超新星は巨大で突発的な爆発である。どんな爆発でも引き金となるのは、何かの量が臨界値をわずかに越えることであり、その後、事態はエスカレートしていって抑制がきかなくなり、引き金となった最初の出来事よりもはるかに大きな結果を生ずるのである。複製爆弾の引き金となる出来事は、自己複製するが変異も起こす存在が自然発生的にあらわれたことである。自己複製が爆発的な現象になりうる理由は、いかなる爆発とも同じで、指数関数的な増加にあり、富めるものはますます富むのである。ひとたび自己複製する物体を手に入れれば、見る間にそれはすぐ二つになるだろう。それから、その二つのそれぞれが自身のコピーをつくって四つになる。それが八つになり、次には一六になり、三二、六四……と増えていく。この複製をわずか三〇世代繰り返しただけで、一〇億個以上もの複製物ができる。五〇世代後には一〇の一五乗個になり、二〇〇世代後にはなんと一〇の六〇乗個にのぼるだろう。理論的にはそうなるわけだが、実際には、そんなことは決して起こるはずはない。なぜならば、その数は全宇宙に存在する原子の数よりも多いからである。自己複製という爆発的な進行は、二〇〇世代に達するよりはるか以前に無制限な倍増を制限されるはずである。

この惑星上でのこうした進行を始動させた最初の複製現象については、直接的な証拠があるわけではない。ただ、われわれ自身が一部をなしている爆発の増大ぶりからみて、それが起こったにちがいないと推論できるだけである。最初の決定的な出来事である自己複製の始まりがどのようなものであったかを、われわれは正確に知っているわけではないが、それがどんな種類の出来事でなければならなかったかを推論することはできる。それは化学的な現象として始まったのである。

化学反応はすべての恒星の内部および惑星の上で進行しているドラマである。化学反応というドラマの役者は原子と分子である。最も希少な原子ですら、われわれが日常扱いなれている数のレベルからすると、莫大な数にのぼる。アイザック・アシモフの計算によると、南北アメリカ大陸の地下一〇マイルの深さまでに存在する希元素アスタチン215の原子の数は「わずか一兆」だという。化学反応の基本単位（原子）はつねにパートナーを変えながら、入れ替りはあるものの、つねに大きな単位――分子――の大きなかたまりをつくりだしている。ある特定のタイプの分子は数がいかに多くても――たとえば特定の動物の種とかストラディヴァリウスのヴァイオリンなどとはちがって――組成はつねにまったく同じである。化学反応という原子によるお決まりのダンスのステップによって、世界中に数が増えていく分子がある一方で、数が減っていく分子もでてくる。生物学者としては当然、数が増えていく分子を「成功した」と表現したい気がしてくる。だが、その誘惑に負けてしまうのは、せっかちというものだ。輝かしい意味をもった「成功」は、われわれの物語のあとのほうでしか生じない特性なのである。

それでは、生命の爆発の起爆剤となった重要な決定的現象とは何だったのだろう？私は自己複製する存在の発生だと述べた。だが、同じ意味でそれを遺伝という現象――「類は類を生む」とも言える過程――の始まりだと言ってもよいだろう。これは、分子が普通にやってみせることとはちがう。水の分子は膨大な集団をなして群れてはいるが、真の遺伝に近づくきざしはいっさい見せない。見かけのうえでは、そうしているように見えるかもしれない。たとえば燃焼によって水素（H）が酸素（O）と化合すると、水の分子（H_2O）の集団は増大する。水が電気分解で分裂して水素と酸素の泡になると、水の分子の集団は減少する。しかし、水の分子にある種の個体群動態が存在するものの、遺伝はない。真の遺伝の最小条件は、種類の異なる水の分子（H_2O）が少なくとも二つあって、両者がいずれも自分自身の種類のコピーを生む（卵を産む）ことだろう。

分子は時として二つの鏡像異性体（光学異性体）をなすことがある。ブドウ糖分子には二種類あり、それらは同じ原子からなっていて、鏡面対称であることを除けば、まったく同じように組み合わされている。同じことが他の糖分子やさらには非常に重要なアミノ酸を含めた多くの分子にもある。たぶん、ここには「類は類を生む」ための――化学的遺伝の――チャンスがある。右手型の分子は右手型の娘分子を生み、左手型の分子は左手型の娘分子を生むものだろうか？　まず、鏡像異性体分子について、いくつか背景となる知識を確認しておこう。この現象を最初に発見したのは、十九世紀の偉大なフランスの科学者ルイ・パストゥールだった。彼はぶどう酒の重要成分である酒石酸塩の結晶を観察していた。この結晶は固形構造物で肉眼で見えるほど大きく、場合によっては首飾りにも使われることがある。結晶というのは、まったく同じタイプの原子なり分子なりが相互に結びつきあって固体を形成したときにできる。それらの結びつきかたは乱雑ではなく、まるで体格がまったく同じで完璧に訓練をほどこされた近衛兵のように、秩序ある幾何学的な配列を守っている。すでに結晶の一部をなしている分子が鋳型として働き、新しい分子は水溶液から析出してその鋳型にぴったりとはまる結果、結晶全体が正確で幾何学的な格子状にできあがる。だからこそ、塩の結晶は正方形の結晶面をもち、ダイアモンドの結晶は正四面体（ダイアモンド型）をなしているのである。あるかたちがそれと同じものをつくる鋳型として働くとき、われわれは自己複製の可能性をかすかに感ずるのである。

さて、パストゥールの酒石酸塩の結晶に話を戻そう。パストゥールは酒石酸塩の水溶液を放置すると、相互に鏡像異性体である以外はまったく同一な二種類の結晶ができることに気づいた。彼は丹念に二種の結晶をよりわけて二つのグループにした。次にそのおのおのを別々にふたたび溶解して、二種の溶液、二種類の酒石酸塩溶液をこしらえた。この二つの溶液はほとんどの点では同じだったが、パストゥールはそれらが偏光を反対の方向に旋回させることを発見した。この二種類の分子が普通は左手型（左旋性）と右手型（右旋性）と呼ばれているのもこのためで、それらは時計まわりと反時計まわりに偏光を旋回させるのである。ご推察のとおり、この二つの溶液をもう一度析出させると、そのおのおのから相互に鏡面対称をなす同質の結晶ができた。

鏡像体分子が実際に異なる点は、ちょうど左右の靴と同じように、どんなに工夫をしても片方をもう一方のかわりとしては使えないことである。パストゥールの最初の溶液は二種類の分子がまざった集団だった。そして、その二種類は結晶をつくるときにそれぞれ頑として自分の種類の並ぶべき位置を譲らない。二つ（あるいはそれ以上）

の異性体があることは、ある存在に真の遺伝性があるというための必要条件だが、十分条件ではない。結晶に真の遺伝性があるためには、左手型と右手型の結晶がそれぞれ臨界的な大きさに達したときに半分に分裂し、しかもふたたび完全に成長するための鋳型としてその片割れが働かなければならない。こうした条件がそろえば、競合して成長する二種の結晶の集団ができることになるだろう。ここで初めてわれわれは集団の「成功」を口にすることができそうである。というのも――両タイプは張りあって同じ組成の原子を獲得しようとするので――自らのコピーづくりがうまいタイプが、もう一方を犠牲にして数が増えていくかもしれないからだ。残念ながら、知られている分子の大多数は遺伝性がもつこの特性をもってはいないのである。

「残念ながら」といったのは、医学的な目的のために、たとえばすべて左手型の分子だけをつくろうとしている化学者たちは、それらを「繁殖」させることができればと心から願っているからである。しかし、分子は他の分子の形成の鋳型として働くかぎりにおいては、普通それは自分たちと同型ではなく、自分の鏡像異性体の鋳型として働くのである。そのために事態は厄介になり、たとえば左手型で始めても、最後には左手型と右手型の分子が等しくまじりあったものになるのである。この分野にかかわっている化学者は、何とか分子をだまして同型の娘分子を「繁殖」させようとしている。だが、これは一朝一夕に編みだせるトリックではない。

実際には、おそらく左右の型に関してではないだろうが、四〇億年前にこうしたトリックに似たものがたまたま自然にできあがり、それと同時に世界は新しくなり、生命と情報に変化する爆発が始まったのである。しかし、爆発がきちんと進行するためには、単純な遺伝性以上のものが必要だった。たとえある分子が左手型と右手型に関して真の遺伝性を示すとしても、二種類しかないのでは相互の競争はあまり面白い結果にはなるまい。たとえば、ひとたび左手型が競争に勝ってしまえば、それで一件落着となってしまい、それ以上の進歩は望めない。

大きな分子は異なった部位で左右性をあらわすことがある。たとえば、抗生物質のモネンジンは一七個の不斉中心〔不斉とは、分子の中で対象性をもたない形で原子同士が結合している配置を指し、これが鏡像異性体のできる理由である。不斉中心は炭素原子であることが多い〕をもっている。一七個の中心のどの一つにも、左手型と右手型が一つずつある。二の一七乗は一三万一〇七二である。したがって一三万一〇七二個の異なる形の分子ができる勘定になる。もしこの一三万一〇七二に真の遺伝性がそなわっていて、各自が自らの型のものだけをつくっていくとしたら、継続的に数をかぞえれば一三万一〇七二セットのなかで最も成功するものがしだいに幅をきかせるようになるなど、競争はきわめて複雑になるだろう。しかしこの場合でも、限定的な遺伝にしかならない。なぜなら、一三万一〇七二は膨大な数ではあるが、有限だからである。生命の爆発という名に値するには、遺伝性が必要ではあるが、それはまた無制限の変異が無限につづかなければならない。

モネンジンについては、また鏡像異性体の遺伝に関しては、限界に達している。しかし、左手型と右手型だけが遺伝的なコピーに役立つ差異ではない。マサチューセッツ工科大学のジュリアス・リベクと同僚の化学者たちは自己複製分子をつくるという難問と真剣に取り組んできた。彼らが使っている異性体は鏡像異性体ではない。リベクと同僚たちは二つの小さな分子を扱ったが、その詳細な名前はどうでもいいので、AとBと呼ぶことにしよう。AとBの混合溶液をつくると、両者は結びついて──お察しのとおり──Cと呼ばれる第三の化合物を形成する。おのおののC分子は母型、つまり鋳型として働く。溶液中を自由に動いているAやBはその鋳型に入りこんでいく。一つのAと一つのBが争うように鋳型のなかの正しい位置におさまっていく結果、正しく配列されて先にできたCにそっくりな新しいCをつくるのである。二つのC分子は、たがいにくっついて結晶をつくるわけではなく、分離する。今度は二つのC分子がともに新しいC分子をつくる鋳型として働くというぐあいで、C分子の数は指数関数的に増えていく。

ここまで述べてきたように、この仕組みは真の遺伝性を示しているわけではないが、その結末に着目してほしい。B分子にはさまざまなかたちがあり、それぞれがAと結びついて独自のC分子をつくる。だから、できてくるのはC1、C2、C3……となる。これら各タイプのC分子はそれぞれのタイプのCを形成するための鋳型として働く。したがってCの集団は異種がまじりあったものになる。しかも、異種のC分子は娘分子をつくる効率がすべて等しいわけではない。したがって、C分子の集団のなかでライヴァル同士の競争が起こる。なおよいことに、紫外線の放射によってC分子の「自然突然変異」を誘発することができる。新しいタイプの突然変異体は「実の子を生み」、自らにそっくりな娘分子をつくることが判明した。期待にこたえるように、新しい異性体は親のタイプより競争に強く、原生物体が入っていた試験管内の世界を急速に占領していった。A／B／C複合体だけがこのように行動する分子ではない。それに匹敵する三つの組み合わせをあげるなら、D、E、Fもある。リベクのグループはA／B／C複合体とD／E／F複合体の要素間で自己複製する雑種までつくることができた。

自然界でわれわれが知っている、真に自己複製する分子——DNAとRNAという核酸――は変異の可能性にきわめて富んでいる。リベクの自己複製子はわずか二個の環からなる鎖だったのにたいし、ＤＮＡ分子は長さの不確定な細長い鎖である。鎖のなかの数百の環のおのおのは四種類のうちのどれか一種類である。ある特定の長さのＤＮＡが新しいＤＮＡ分子を形成する鋳型として働くとき、四種類のそれぞれが特定の異なる一種類の鋳型になる。塩基と呼ばれるこの四つの単位は、アデニン、チミン、シトシン、グアニンという化合物であり、従来からＡ、Ｔ、Ｃ、Ｇと略記されている。Ａはつねにの鋳型として働き、その逆も成り立つ。ＧはつねにＣの鋳型として働き、その逆もまた同じである。Ａ、Ｔ、Ｃ、Ｇの考えうるどんな配列も可能であり、それは忠実に複製されていく。さらに、ＤＮＡ分子の鎖は長さが一定ではないので、できる変異の範囲は事実上無限に近い。これこそ情報の爆発が可能になる処方であり、爆発が起これればその残響が母惑星から伸び広がって恒星に達することもありうるだろう。

わが太陽系の複製子爆発の残響は、爆発が起こってから四〇億年のほとんどのあいだ、その本拠の惑星（地球）に閉じこめられていた。ようやく最近の一〇〇万年ぐらいになって、電波技術を発明できるような神経系が発生した。しかもその神経系が実際に電波技術を開発したのは、わずか数十年ぐらい前のことである。いまや、情報に富んだこの電波は膨張しつつあり、この惑星から外宇宙に向かって光速で進んでいるのである。

「情報に富んだ」とわざわざ断わる理由は、宇宙にはすでに多くの電波が飛びかっているからである。恒星はわれわれが可視光線として認識できる周波だけでなく、さまざまな電波をも放射している。時間と宇宙とを始動させた最初のビッグバンのなごりとしてバックグラウンドの雑音さえある。しかし、それは意味のあるパターンを描いているわけではなく、情報に富んでいるわけでもない。ケンタウルス座のプロキシマ星の周囲を軌道を描いてまわる惑星上に電波天文学者がいれば、わが地球上の電波天文学者と同じようにバックグラウンドの雑音を検知するだろうが、同時に恒星ソールの方向から放射されている、より複雑なパターンの電波にも気づくはずである。このパターンが四歳児用テレビ番組のいくつかが混合したものと認識されるとは考えられず、通常のバックグラウンドの雑音よりずっとパターン化され情報に富んでいるものと認識されることだろう。ケンタウルス座の電波天文学者は興奮の渦のなかでこう報告するだろう。恒星ソールは超新星の規模の爆発、ただし情報の爆発をとげた（それが実際はソールの惑星の一つだったとは、推測はしても確信はできないかもしれない）と。

すでに見てきたように、複製爆弾は超新星よりもゆっくりとした時間の経過をたどる。われわれ自身の複製爆弾は電波臨界点——情報の一部が母星からあふれだし、意味をもつパルスを近隣の恒星系に注ぐようになる瞬間——に達するのに数十億年かかった。われわれの爆発が典型的なものだとすると、情報の爆発は、一連の段階的な臨界点を通過するだろうと考えられる。電波臨界点やその前の言語臨界点は複製爆弾の経過のかなりあとの段階である。それより前には——少なくともこの惑星上では——、神経系臨界点と呼べるものが、その前には多細胞臨界点があった。それらすべての祖先である第一臨界点は、爆発全体を可能にした引き金的な現象、自己複製子臨界点だった。

自己複製子の何がそれほど重要なのだろうか？　自分自身とまったく同じものを合成する鋳型として働くという、一見何の変哲もない性質をもった分子が偶然発生したことが、いったいどうして爆発の引き金となり、その究極の残響が惑星から外へと伸びていくほどのものになるのだろうか？

これまで見てきたように、自己複製のもつ力の一部は指数的な増加にある。自己複製子はとりわけ明確なかたちで指数的な増加を示す。単純な例として、いわゆる「連鎖手紙」（不幸の手紙）を見てみよう。郵便で次のような文面の葉書が送られてくる。「この葉書のコピーを六枚つくり、一週間以内に六人の友人に送りなさい。そうしないと、あなたに呪いがかかり、一カ月以内でひどい苦痛のうちに死ぬことになります」。分別のある人なら、葉書を捨ててしまうだろう。しかし、分別のない人が結構いるもので、彼らは漠然とした好奇心から、あるいはその脅迫におびえて、そのコピーを六人の知人に送ってしまう。その六人のうち二人ほどは文面を信じて、六人の人にコピーを送るだろう。この葉書を受け取る人びとのうち、平均して三分の一が葉書の指示にしたがうとすると、流通する葉書の数は毎週倍増していくだろう。理屈からすると、一年後には二の五二乗、つまり四〇〇〇兆枚の葉書が流通していることになる。世界中の子供を含めた老若男女を窒息させかねない葉書の数である。

指数的な増加は、資源不足によって抑制されないかぎり、驚くほどの短時間で驚くべき甚大な結果をもたらす。実際には資源にかぎりがあるし、他の要因も指数的な増加を抑えるほうに作用する。不幸の手紙の場合でも、同じ手紙が二度目にまわってきたときには、おそらく誰しも二の足を踏むだろう。資源を奪いあう競争では、たまたまより効率的に自らを複製できる変異体が生じてくる可能性がある。この効率的な複製子は効率のよくないライヴァルにとってかわる傾向にあるだろう。ぜひとも理解しておく必要があるのは、この自己複製をする存在が、かならずしも意識的に自己複製したがるわけではないということだ。そうではなく、ただ結果的に世界は効率的な自己複製子でみたされるようになっていくだけのことである。

不幸の手紙の場合、効率のよさを狙うとしたら、言葉をもっと選んで葉書の文面をつくることだろう。「葉書の言葉にしたがわないと、一カ月以内でひどい苦痛のうちに死ぬことになります」というちょっと本当とは思えないような文面のかわりに、メッセージを次のように変えてもよいだろう。「どうか、あなたと私の魂を救っていただきたいのです。危険をおかさないでください。ほんのわずかでも迷いがあるなら、指示にしたがって手紙をあと六人の人に送ることです」。このような「突然変異」は繰り返し起こりうるし、その結果、ついには異種のメッセージからなる集団ができあがるが、メッセージのすべてが流通し、すべてが同じ祖先から端を発しながら、使われている細かい言葉づかいや誘いかけの強さや性質は異なるということになる。より成功する変異体は、あまり成功しないライヴァルを尻目に頻繁に循環することになるだろう。「成功」とは流通の頻度とまったく同義である。「ユダの手紙」はこのような成功例としてよく知られている。それは何度も世界をかけめぐりながら、おそらくその過程で成長していった。本書を執筆していたとき、私はヴァーモント大学のオリヴァー・グッドイナフ博士から以下のようなこの手紙の変種を送られ、それについて「心のウイルス」と題して博士と共同執筆の論文を『ネイチャー』に寄稿した。

「愛があれば、すべてが可能です」

この手紙は幸運を願ってあなたに送られました。これはニューイングランドから始まったものです。それは世界を九回もめぐりました。幸運があなたに送られたのです。あなたがさらに手紙を送り継げば、これを受け取って四日以内に幸運に恵まれます。幸運は郵便で届けられるでしょう。お金を送ってはいけません。幸運に恵まれる必要があると思われる人びとに手紙のコピーを送ってください。お金を送ってはいけません。なぜなら、信仰に値段はないからです。この手紙をいつまでも手元においてはいけません。九六時間以内にあなたの手元を離れなければならないのです。A・R・Pの役員ジョー・エリオットは四〇〇〇万ドルを受け取りました。ジオ・ウェルチはこの手紙の五日後に奥さんに死なれました。彼は手紙をまわさなかったのです。でも、奥さんが死ぬ前に彼は七万五〇〇〇ドル受け取っています。どうかコピーを送って、四日後にどんなことが起こるかご覧ください。この手紙はヴェネズエラからきたもので、南アメリカの牧師サウル・アンソニー・デグナスによって書かれたものです。この手紙は世界をめぐらなければならないので。コピーを二〇枚つくって友人や同僚の方々に送ってください。五日後には、驚くような贈りものが届きます。次のことに留意してください。ダントナレ・ディアスは一九〇三年にこの手紙を受け取り、秘書にコピーをつくって送るように命じました。すると数日後、二〇〇〇万ドルの宝くじにあたったのです。会社員のカール・ドビットはこの手紙を受け取りながら、それが九六時間以内に手元を離れなければならないことを忘れていました。そして失業しました。彼はその手紙を見つけてコピーを二〇通つくって送りました。すると数日後には、前よりも良い仕事が見つかりました。ドラン・フェアチャイルドは手紙を受け取ったのですが、信用せずに捨ててしまいました。そして九日後に死亡しました。一九八七年、カリフォルニアのある女性がこの手紙を受け取りました。それはインクが薄れていてとても読み取りにくかったので、手紙をタイプで打ち直してだそうと決心したのですが、後まわしにするつもりでどけておきました。すると、費用のかかる自動車事故を含めていろいろな災難に見舞われました。この手紙は九六時間以内に彼女の手を離れなかったのです。ついに彼女は、決心したとおりに手紙をタイプで打ち直したところ、新しい車が手に入りました。くれぐれも、お金を送らないでください。これを無視してはいけません――効き目があるのですから。

ユダより

このばかばかしい文書には無数の突然変異を経た痕跡が顕著にあらわれている。間違いや不適切な表現が無数にあり、他にも似たものが流通していることが知られている。われわれの論文が『ネイチャー』に掲載されてから、世界中からいくつもの重要なちがいのある変種が私宛に送られてきた。その一つの文書では、「A・R・Pの役員」が「R・A・Fの役員」となっていた。ユダの手紙はアメリカの郵政公社にはよく知られており、その報告によると、それは公式の記録が残されるようになる前から始まり、突発的な流行を繰り返しているという。

注意してもらいたいのは、この手紙の指示に応じた人びとが恵まれたという幸運と、したがわなかった人びとが襲われたという災厄のカタログが、該当する受益者や被害者によって書かれたはずがないことである。受益者が恵まれたという幸運は、その手紙が彼らの手を離れないかぎり、やってこないはずだった。そして犠牲者は手紙をださなかった。これらの話はたぶんでっちあげ――内容の荒唐無稽さから想像できるように――にすぎない。このことから、不幸の手紙と生命の爆発を始動させた自然の自己複製子との大きな相違点が浮かび上がってくる。生命の爆発の発端には、心も創造性も意図もなかった。あったのは化学反応だけである。それにもかかわらず、自己複製する化学物質が偶然発生し、成功する変異体が無意識とはいえ、あまり成功できない変異体を犠牲にして出現頻度を多くする傾向があったのだろう。

不幸の手紙の場合と同じように、化学的な自己複製子のなかで成功するということは、世のなかに頻繁にでまわることとまったく同義である。とはいっても、それは定義にすぎず、同語反復に近い。成功は実際的な能力によって勝ち取るものであり、能力とは具体的な何かをさし、決して類語の反復ですむものではない。成功する自己複製子であるような分子は、細部にわたる化学的特性ゆえに、複製されるのに必要なものをもっている分子である。このことが実際にもつ意味は無限と言ってもよいほど変化に富んでいるのだが、自己複製子自体の性質は驚くほど一定している。

ＤＮＡはきわめて一定していて、同じ四つの「文字」――Ａ、Ｔ、Ｃ、Ｇ――の配列が変化しているだけである。それにくらべて、ＤＮＡの配列が自己複製するために用いる手段は、本書の初めの部分で見たように、驚くほど変化に富んでいる。その手段としては、カバにはもっと効率のよい心臓を、ノミにはもっとばねのきく足を、アマツバメにはもっと航空力学的に能率のよい翼を、魚にはもっと浮揚性のある浮袋をつくることなども含まれる。動物のすべての器官や四肢、植物の根や葉や花、すべての眼や脳や心、ひいては不安や希望をも道具として、成功するＤＮＡ配列は自己を未来へともち上げるのである。道具そのものはほぼ無限に変化できるが、それらの道具をつくるための処方はばからしいほど一定している。A、T、C、Gの、置換に次ぐ置換あるのみなのだ。

つねにそうだったわけではないかもしれない。情報の爆発が始まったころ、もとになっている暗号がDNA文字で書かれていたという証拠はないのである。実際、DNA／蛋白質をもとにした情報技術は非常に高度な――化学者グレアム・ケアンズ・スミスはハイテクとまで言った――ものであるため、その前駆として何か他の複製システムもなしに、偶然それが生じたとはとても想像しにくい。先駆けとなったのは、RNAだったかもしれない。あるいは、ジュリアス・リベクの単純な自己複製する分子のようなものだったかもしれない。あるいはまた、まったく別のものだった可能性もある。興味をそそる一つの可能性としては、（これについては『ブラインド・ウォッチメイカー――自然淘汰は偶然か？』のなかでくわしく論じた）ケアンズ・スミス自身が示唆した粘土の無機晶質が原始的な複製子だったとの説がある（彼の『生命の起源を解く七つの鍵』を参照されたい）。

われわれにできることといえば、宇宙のどこにせよ、いかなる惑星上にせよ、生命の爆発の大まかな年代を推測することくらいである。何が働くかは局地的な条件に左右されるにちがいない。冷えた液体アンモニアの世界では、ＤＮＡ／蛋白質というシステムは有効に働かないだろうが、遺伝や胚発生にかかわる別の何らかのシステムが働くかもしれない。いずれにせよ、私はそういうものは無視したいと思う。なぜなら、全般的な処方のなかでも惑星独自の原理に専念したいからである。私はここで、惑星のいかなる複製爆弾も通過すると思われる何段階もの臨界点を、もっと系統的に論じていこうと思う。そのうちあるものはすべての惑星に共通している可能性があるし、あるものはわが惑星に独特なものかもしれない。どれが普遍的でどれが限定的かの判定は、かならずしも容易ではないかもしれないし、その疑問自体がそれだけで興味深いものである。

第一臨界点は言うまでもなく「自己複製子臨界点」そのものである。少なくとも未発達なかたちの遺伝変異性をもち、ときどき偶発的なコピーの誤りが生じるような、ある種の自己複製システムが発生する。第一臨界点を越えた結果、惑星には資源を競いあう変異体の混在する集団ができてくる。資源は乏しいだろうし、競争が激化するにつれていっそう乏しくなる。変異体の複製のなかには、乏しい資源の獲得競争で比較的優勢なものがあらわれるし、比較的劣勢の変異体もでてくる。こうして自然淘汰の基本形ができてくる。

最初のうち、競いあう複製子が成功するか否かは、ひとえに自己複製子そのものの直接的な特性――たとえば、それらのかたちが鋳型にどれほどぴったり合うか――にもとづいて判断される。しかし、やがて何世代もの進化を経て、第二臨界点である「表現型臨界点」へと移っていくことになる。自己複製子は自らの特性だけではなくて、他のものに何らかの影響をおよぼすことによって生きのびる。われわれはそういう影響を表現型と呼んでいる。わが惑星上では、遺伝子の影響によって動物や植物の各部分にあらわれるちがいとして、表現型は容易に理解できる。つまり、身体のこまごましたすべての部分ということである。表現型は成功する自己複製子がうまく次世代へと進んでいくのに使うレヴァーだと考えてみよう。より一般的には、表現型とは自己複製子がもたらす結果であり、自己複製子の成功に影響をあたえるがそれ自体は複製されないものであると定義できる。たとえば、太平洋産の巻貝のある種には、殻を右巻きにするか左巻きにするかを決める特定の遺伝子がある。DNA分子そのものに左右のちがいはないが、表現型としてあらわれる結果は右巻きだったり左巻きだったりする。左巻きと右巻きでは、巻貝の身体の外面を守る仕事の成功率が等しくないかもしれない。巻貝の遺伝子は殻の内側にあって、殻のかたちに影響をおよぼすので、成功する殻をつくる遺伝子は成功しない殻をつくる遺伝子よりも数が増えていくかもしれない。殻は表現型なので娘殻をつくりはしない。おのおのの殻はＤＮＡによってつくられるが、ＤＮＡを生むのはＤＮＡなのである。

ＤＮＡの配列がその表現型（たとえば巻貝の殻の巻き方）に影響を与えるのは、その間をつなぐ中間の出来事のかなり複雑な連鎖を介してであり、それらの出来事はすべて「胚発生」という一般的な項目のもとに包括される。わが惑星では、鎖の最初の環はつねに蛋白質分子の合成である。蛋白質分子のあらゆる細部は、有名な遺伝暗号によって、つまりＤＮＡの四種の文字の順序によって、正確に規定される。しかし、こうした細部が意味をもつのは、この惑星という狭い範囲にとどまるし思われる。もっと一般的に言うと、惑星に含まれる自己複製子は、自己がうまく複製されるという利益をもたらすように、手段を問わず、その影響（表現型）を行使するのである。だから「表現型臨界点」を越えるや、自己複製子は代理人によって、つまり周囲の世界に影響を与えることによって生きのびていく。わが惑星では、こうした影響力はたいてい遺伝子が具体的に座を占めている身体のなかに閉じこめられている。だが、かならずしもそうとはかぎらない。「延長された表現型」という学説（これを論ずるために、私はこの表題の本を一冊書いた）では、自己複製子が長期的な生存を確保していくためのレヴァーとして使う表現型は、自己複製子自身の体内に限定される必要はないという。遺伝子は特定の個体の外へものび広がり、他の個体を含めて外の世界全体に影響をおよぼすことができるのである。

「表現型臨界点」がどれくらい普遍的と言えるか、私にはわからない。おそらく、生命の爆発が非常に原始的な段階を越えて進行したすべての惑星で、この臨界点は越えられたのではないかと思う。そして、私のリストの次の臨界点についても、それが言えるのではないかと思う。つまり、第三臨界点の「自己複製子チーム臨界点」であり、これは惑星によってはもっと前か、あるいは「表現型臨界点」と同時に越えることもありうる。初めのうち、自己複製子はおそらく独立した存在で、裸のままのライヴァル複製子と一緒に遺伝子の川の源流でひょいひょいと動きまわっているのであろう。しかし、いかなる遺伝子も単独で働くことができないというのが、地球上の現代のDNA／蛋白質による情報技術の特徴である。遺伝子が働く化学の世界は、外部環境という独立した化学世界ではないのだ。外部環境がバックグラウンドをなしているのはたしかだが、それはかなり間接的なバックグラウンドである。DNA自己複製子が座を占めている、直接的で必要欠くべからざる化学の世界は、はるかに小さくて、化学物質が凝縮したかたちで入った袋――細胞――である。細胞を化学物質の入った袋と言うと、ある意味で誤解を招くかもしれない。なぜなら、多くの細胞は折り畳まれた膜状の精巧な内部構造をもっていて、その上や中であるいはそのあいだで重要な化学作用が進行しているからである。細胞という化学的な小宇宙は何百もの――高等な細胞では何万もの――遺伝子の連合によって構成されている。それぞれの遺伝子は環境に貢献し、次にはすべてが生きのびようという目的でその環境を活用するのである。遺伝子はチームになって働く。1章では、これを少しちがう角度から見たのである。

わが惑星上の最も単純な独立したDNA複製システムは、バクテリア細胞であり、それらは必要な構成要素をつくるのに少なくとも二〇〇個の遺伝子を必要としている。バクテリアではない細胞は真核細胞と呼ばれている。われわれ自身の細胞をはじめ、すべての動物や植物、菌類、原生動物の細胞は真核細胞である。それらは一般に数万ないし数百万の遺伝子をもっていて、それらのすべてがチームをなして働いている。2章で見たように、真核細胞自身の起源は、たがいに協力しあう五、六個のバクテリア細胞のチームだったと考えてもよいかもしれない。しかし、これは高次元のチームワークであって、いまここで述べようとしているものではない。私が述べようとしているのは、すべての遺伝子が細胞内の遺伝子連合によって構成された化学的な環境でその仕事をするという事実についてである。

遺伝子がチームをなして働くということが理解できると、今日のダーウィンの自然淘汰は競いあう遺伝子チームのなかからすぐれたものを選択するのだという仮定——自然淘汰が高いレベルの機構におよびはじめたと考える——にどうしても飛びつきたくなる。その気持ちはよくわかるが、私の考えではそれは深遠なレベルで誤っている。次のように言うほうがはるかに理解の助けになるだろう。つまり、ダーウィンの自然淘汰はやはり競いあう遺伝子のなかから選択するのだが、選ばれるのはそれ以外の遺伝子の存在によって繁栄する遺伝子であり、引き立て役もまたその遺伝子のいるおかげで選ばれるのだ、と。これは1章で見てきたことの確認になるが、デジタルの川の同じ支流を共有する遺伝子は「よき仲間」になる傾向があるのだ。

さて、惑星の自己複製爆弾にはずみがつくと、次に越えるべき主要な臨界点は、たぶん「多細胞臨界点」であろうし、私はこれを第四臨界点と呼ぶことにする。すでに見てきたことだが、地球上の生物のどの細胞も化学物質の小さな海のようなもので、そのなかで遺伝子のチームが水浴びをする。細胞はチーム全体を含んでいるが、それは一組のチームでつくられている。さて、細胞自体は半分に分裂して、そのいずれもがもとの大きさまで成長していくことによって増えていく。これが起こるときには、遺伝子チームの全員が倍に増える。二つの細胞が完全には離れないでくっつきあっていれば、細胞がレンガの役割をはたして大きな構造物ができる。多細胞の構造物をつくる能力は、わが地球だけではなく、他の世界でも当然重要であろう。「多細胞臨界点」を越えると、単細胞よりもはるかに大きな規模でのみ、そのよさが発揮できるような表現型が生じてくる。シカの枝角や木の葉、眼のレンズあるいは巻貝の殻——これらの形態のすべてをつくりだすのは細胞だが、その細胞はできあがったかたちのミニチュアではない。言い換えれば、多細胞の器官の成長の仕方は結晶の成長の仕方とはちがうのである。少なくともわが惑星では、それらはビルディングのように成長するのであり、それは大きくなりすぎたレンガのかたちをしているわけではない。たとえば手は特徴的なかたちをしているが、表現型が結晶のように成長する場合とちがって、手のかたちをした細胞でできているのではない。これまたビルディングに似て、多細胞の器官がその特徴的なかたちや大きさを獲得するのは、細胞（レンガ）の層がいつ成長をやめるべきかという規則にしたがうからである。細胞はまた、ある意味で、他の細胞との関連で自らの占めるべき位置を心得ていなければならない。肝臓の細胞はあたかも自分が肝臓細胞であることを知っていて、さらには肝葉の縁に位置するべきか中央部にするべきかまで心得ているように行動する。どうやってこのように行動するのかは難しい問題で、さかんに研究されているところである。その答はおそらく、わが惑星に特有なものだろうし、すでに1章で言及しているので、ここではそれ以上考えないことにする。こまごましたことはどうあれ、そうした行動の仕方は生命の他のあらゆる改良とまったく同じ一般的な過程によって完成されてきたのである。生き残りに成功する遺伝子は決して偶然ではなく、それらのもつ影響力――この場合は隣接する細胞との関係で細胞の行動に与える影響――で決まるのである。

次に、これもこの惑星上という狭い範囲にはとどまらないと思われるので、私が考えたい主要な臨界点は「高速情報処理臨界点」である。わが惑星ではこの第五臨界点はニューロン、つまり神経単位と呼ばれる特別な細胞群によって成しとげられるので、この惑星での呼び方として「神経系臨界点」と呼んでもよいだろう。ある惑星上でどのように達成されるかはともかく、この第五臨界点は重要である。なぜなら、いまや遺伝子が化学的なレヴァーを使って直接行なうよりもはるかに速いタイムスケールの行動が取られることがあるからなのだ。捕食動物がご馳走に飛びかかり、餌食となる動物が命がけで隠れることができるのも、筋肉と神経の装置を使うからだが、それらが行動しあるいは反応するスピードは、遺伝子が最初にその装置を構成した胚発生の折紙のスピードよりもはるかに速い。絶対速度と反応時間は他の惑星では大きく異なるかもしれない。だが、いかなる惑星上でも、自己複製子によってつくられた装置が、自己複製子そのものの胚発生時の企みよりも桁ちがいに速い反応時間で行動するようになったときには、重要な臨界点を越えたのである。その装置がこの惑星でニューロンとか筋肉細胞と呼ばれるものとかならず似るかどうかは明言できない。しかし、「神経系臨界点」に相当する臨界点を越えた惑星では、さらなる重要な結果がそれにつづくものと見られるし、複製爆弾は外界への旅をさらに進めていくであろう。

こうした結果のなかには、データ処理装置――脳――の大きな集積があるかもしれず、それは「感覚器官」によって感知される複雑なパターンを処理することができ、それらの記録を「記憶」のかたちで貯えることができるのである。「神経系臨界点」を越えた結果として生ずるもののなかでも、より精巧で神秘的なものは意識的な自覚であり、私は第六臨界点を「意識臨界点」と呼ぶことにする。これがわが惑星上で達成された回数はわからない。ある哲学者の考えでは、それは言語と重要かつ密接な関係にあり、言語はどうやら二足歩行のサルの一種であるホモ・サピエンスによって一度だけ完成された。意識に言語が必要かどうかはともかく、「言語臨界点」を重要な臨界点として認め、第七臨界点としよう。それは惑星によっては越えられたり、越えられなかったりするだろう。言語が音あるいは他の肉体的な手段によって伝えられるものかどうかといった細部は、局所的な意味あいしかないと考えなければならないだろう。

この観点からすると、言語はネットワーク・システムであって、それによって脳（この惑星での名称）は親しく情報を交換する結果、協同的な技術を発達させることができる。協同的な技術は、石器を模倣してつくることから始まり、金属の精錬や車輪によって動く乗りもの、蒸気動力、そして現代のエレクトロニクスなど、さまざまな時代を進んできたが、それ独自で爆発的な特性をもっているので、その始まりには「協同的技術臨界点」という表題をつけるだけの価値がある。これがすなわち第八臨界点である。実際のところ、人間の文化は純粋に新しい複製爆弾を育ててきたのであり、それには文化の川の中で増殖したり自然淘汰される新種の自己複製する存在――『利己的な遺伝子』の中で、私はそれをミームと名づけた――がつまっている。いまや、脳／文化という条件を先に設定して離陸できるようになった遺伝子爆弾と並行して、ミーム爆弾が離陸しようとしているのかもしれない。しかし、それもまた本章であつかうには大きすぎるテーマである。ここでは惑星における爆発というメインテーマに戻って、次のことに留意しなければならない。つまり、いったん協同的技術という段階に達すると、そこにいたる道のどこかで、母惑星の外界に衝撃を与えるような力ができあがる可能性があるということである。第九臨界点の「電波臨界点」を越えるや、惑星外の観察者が、一つの恒星系が複製爆弾として新しく爆発したことに気づく可能性もでてくる。

惑星外の観察者が最初に感づくのは、すでに見たように、母惑星内部のコミュニケーションの副産物として外へあふれでる電波だろう。のちには、われわれがためらいながらも、自己複製子の技術的な後継者自身が意図的に注意を星へと外に向けるだろう。われわれがためらいながらその方向に歩みだした第一歩には、異星の知的生物向けにとくにつくったメッセージを宇宙へ発信することも含まれていた。どのような本性をもっているのか見当もつかない異星人(エイリアン)向けにどうやってメッセージをつくることができるだろう？　それは明らかに難問であり、われわれの努力が誤解されている可能性がきわめて高い。

最も意を用いたのは、まずわれわれの存在を異星人に知らせることで、実質的な内容をもったメッセージを送ることではなかった。この仕事は、1章で私が仮定したクリクソン博士が直面したのと同じようなものである。彼は素数をDNA暗号に翻訳したのだが、それに相当するものとして電波を使うのが、外の世界にわれわれの存在を知らせるのには分別のある方法であろう。われわれの種にとっては音楽がすぐれた広告効果をもつと思われるし、たとえ聞き手に耳がなくても彼らは彼らなりの方法でそれを理解するだろう。著名な科学者で著述家のルイス・トマスはバッハを、バッハのすべてを、バッハのみを演奏してはどうかと提言しながら、それが自慢として受け取られるのではないかと心配した。しかし、同じように、きわめて異星的な精神には、音楽もパルサーのリズミカルな放出と間違えられかねない。パルサーはほぼ数秒ごとにリズミカルに拍動する電波を放出する星である。一九六七年にケンブリッジの電波天文学者によってそれらが初めて発見されたとき、人びとはその信号のようなものを宇宙からのメッセージかもしれないと思った。だが、まもなく、最も矛盾の少ない説明として、小さな星がきわめて速く回転しながら、灯台のように電波を発しているのだとされた。これまでのところ、わが惑星の外からだと立証されたコミュニケーションは一度も受信されていない。

「電波臨界点」のあと、われわれは自身の爆発が宇宙へと進む次なるステップとしてこれまで想像されたものは、生身の人間による宇宙旅行しかない。第一〇臨界点は「宇宙旅行臨界点」である。SF作家たちは人類の娘コロニーあるいはロボット的な生きものが恒星間で増殖することを夢見てきた。こうした娘コロニーは、自己複製情報のつまった新しい袋の種子をまく、あるいは伝播するものだと見ることができよう。それは、次に自ら衛星複製爆弾となって爆発的に外に向かってふたたび膨張し、遺伝子とミームをばらまく可能性のある袋である。この未来像が実現するものなら、未来のクリストファー・マーローがデジタルの川のイメージを振り返ってこう語る姿を想像しても、そう見当ちがいというわけではないだろう。「見よ、生命の洪水が天空を流れる！」。

これまでのところ、われわれは外界へ一歩踏みだしたかどうかというところである。月へは行ってきたし、それを達成したこと自体はすばらしいにはちがいないが、ヒョウタンではないとはいえ月はあまりにも小さくて、われわれがいずれつきあうことになるかもしれない異星人の観点からすると、宇宙旅行のうちには入りそうもない。われわれはひと握りほどの無人カプセルを、結末を思い描くこともできない軌道にのせて宇宙の深部に送った。その一つが載せていったメッセージは、アメリカの夢想的な天文学者カール・セーガンの発想で、それに遭遇するかもしれない異星のいかなる知的存在によっても解読されるようにつくられていた。そのメッセージは、それをつくった種の男と女の裸体の絵で飾られていた。

このエピソードは本書の最初にでてきた祖先にまつわる神話へとわれわれを立ち戻らせるように思われる。しかし、このカプセルはアダムとイヴではないし、彼らの優美な姿の足元に彫り込まれたメッセージは、創世記のどんな話よりもわが生命の爆発の証拠として価値あるものだ。どこの誰にもわかるようにつくられた映像的言語で、その銘板にはある恒星の第三惑星における独自の創世記が記録され、銀河系のそれに相当するものも正確に記録されている。われわれの信用状をさらに確固とするために、化学と数学の基本的な原理をやはり映像的に説明したものが添えられた。異星の知的存在がそのカプセルを拾いあげることがあれば、彼らはそれをつくりだした文明が原始的な部族の神話以上のものをもつと認めることだろう。遠く宇宙をへだてたところで、彼らは語りかけるに値する文明として最高潮に達したもう一つの生命の爆発が大昔にあったことを知るだろう。

悲しいかな、このカプセルがもう一つの複製爆弾のほんのひとかけらと遭遇する可能性は絶望的なほど小さい。ある解説者はその価値をむしろ地球の人びとを鼓舞するものと見ている。平和のしるしに両手をあげた裸の男女の像は、恒星のあいだを永遠に旅しつづけるように意図的に送りだされ、わが生命の爆発という知識の果実として初めて輸出されたものであって、このことをつくづくと思ってみれば、たしかに普通は偏狭で矮小なわれわれの意識によい効果をおよぼすかもしれない。ケンブリッジのトリニティ・カレッジに建つニュートンの像が、疑いの余地なく大いなる意識の人ウィリアム・ワーズワースに与えた詩的衝撃に類するものを与えるかもしれない。

そして、わが枕辺から眺めると、月の光か、さなくば

お気に入りの星の光を浴びて、チャペルの控えの間に立つ、
プリズムをもった寡黙な表情のニュートン像が見える。
その大理石の像こそ、精神の指標だ、
誰も知らない思索の海をただひとり
永遠に航海する男の。

訳者あとがき

リチャード・ドーキンスは、スティーヴン・ジェイ・グールドとならんで最も人気の高い生物学者であり、この新しいポピュラーサイエンス・シリーズのトップバッターとしてはうってつけといえよう。二人がこれまで出した著作はどれも大きな話題を呼び、世界的なベストセラーになってきた。当然ながら主だった本はすべて邦訳されており、しかもよく売れている（本書もすでにイギリスで部門別ベストセラーの1位にランク入りしたと伝えられている）。共通のファンも多いと思うが、二人の考え方とスタイルにはかなり大きな違いがあり、いわば好敵手として、お互いの著書で批判と反批判を繰り返しあっており、本書でもやはりグールドの『ワンダフル・ライフ』が槍玉にあげられている。いずれの言い分を採るかは、読者の自由である。

ところで、グールドの魅力が深く広い教養をバックに、生物という複雑な世界の面白さをまるで手品師のように次から次へと披露する語り口の巧さにあるとすれば、ドーキンスの魅力はなんだろうか。まずその第一は、比喩的表現の巧みさである。世界に大きな衝撃を与えた「利己的な遺伝子」という言葉が、なによりも彼の比喩のうまさを象徴している。自然淘汰を個体のレベルではなく遺伝子のレベルで取り扱わなければならないという認識自体は、フィッシャー以来、集団遺伝学者の間では常識であったし、利他的行動の進化を血縁淘汰という観点から説明した最大の功績はハミルトンに帰せられるべきものである。にもかかわらず、ドーキンスが、いつのまにか「社会生物学」の提唱者E・O・ウィルソンさえ押しのけて、社会生物学（行動生態学）のオピニオンリーダーの座におさまってしまった。これはひとえに「利己的な遺伝子」という言葉のもつ力であろう。

これ以外にも、随所でドーキンスは巧みな比喩を用いて読者の理解を助ける。彼のこれまでの他の著作のタイトル『延長された表現型』『ブラインド・ウォッチメイカー』からしてそうだし、それらの本で使われた、「乗り物（ヴィークル）」「軍拡競争」「囚人のジレンマ」もそうだ。そして、本書でもまた「遺伝子の川」「効用関数」「複製爆弾」といった比喩が重要な役割を担っている。

人間の知覚の力は限られたものであり、肉眼で見ることのできないマクロやミクロの世界、あるいは実感の彼方にある何百万年という地質的時間や何百万分の　秒という短い時間の出来事は、もともと、ある種の図式的・擬人的・比喩的表現を介してしか理解しえないものなのである。だからこそ、原子物理学者でさえ、素粒子の「奇妙さ」や「フレーバ」を論じ、わが分子生物学者たちは、遺伝子の「暗号」や「情報」、あるいは「翻訳」や「転写」について語るのである。しかし、比喩は諸刃の剣でもある。事実と比喩の間にはつねにある種のズレが存在するが、比喩の持つ喚起力が大きければ大きいほど、比喩はしばしばズレを拡大し、誤った事実を伝える危険性がある。ドーキンスの「利己的な遺伝子」もまた、そのような側面をもっている。

ドーキンス自身は著作の中で再三にわたって誤解をせぬよう注意を促しているのにかかわらず、この言葉は、遺伝子そのものが利己的な意志を持っており、自らの繁栄のために生物個体を操るというイメージを与える（厳密にいえば、「自然淘汰の結果として自分と同じ遺伝子がより多く未来に残るような情報を持つ遺伝子」のことだが、これでは、何のインパクトもないだろう）。それだからこそ、あれだけ、世間にアピールしたのであり、実際、世の俗流ドーキンス主義者の「浮気をするのも、何をするのもみな遺伝子のせい」といったばかばかしい言いぐさが、ご本家よりも人気を博しているのだ。ドーキンスがどれだけ意識していたかは知らないが、この言葉は時代の雰囲気にぴったりあっていた。あらゆる伝統的規範が揺るぎつつある現代社会において、新しい科学の装いをまとった人の言葉の、何でも好き勝手にやるしかないというアナーキーなイメージはきわめて危険な魅力をもっている。

ドーキンスのもう一つの魅力は、その論理の徹底性にある。彼はあらゆる生物学的現象を断固として、突然変異と自然淘汰という原理のみで説明しようとする。たいていの生物学者ならあるところ、生物の精妙さの前で立ち止まってしまうところでさえ、彼はけっして論理的思考をやめない。それはほとんど小気味いいといえるほど徹底している。まさに理論生物学者と呼ぶにふさわしい。社会生物学の開祖E・O・ウィルソンが最近、『バイオフィリア』や『生物多様性』といった著作ばかり出し、むしろナチュラリストの領域に立ち返ろうとしているのとは対照的である。私の勝手な思いこみでは、ドーキンスは自分のつくりだした理論よりもむしろ、論理の力だけを信じているのではないかという気さえする。

ドーキンスの経歴については、あらためて紹介する必要もないと思うが、最新の情報によれば、彼は、このたびマイクロソフト社のC・シモニイが寄付した基金によってオクスフォード大学に創設された科学啓蒙のための教授職の初代教授に任命されたということである（SCIENCE, vol. 269, 4 August, 1995）。従来にもまして、科学の啓蒙に力を傾けるということだから、今後の著作が大いに楽しみである。

最後に本書について一言述べておく。ドーキンスの本はすべてきわめて、啓蒙的な色彩の強いものであるが、この本は、さらにそれをわかりやすく説明するといったものので、これまでのものより、さらに読みやすい。しかし、ドーキンスの文章は一見やさしそうで、実際にはいろいろ含みがあって、翻訳はそれほどやさしくない。内容のわりには苦労させられたというのが実感である。訳文は、最初に春日倫子さんが訳して下さったものを、私の責任で読みやすい形に整えた。したがって、最終的な文責はすべて私にある。なお、参考文献は、ドーキンスの既訳書のものと重複することもあり、本書の性格からして不必要と考え、割愛した。最後に、本書の翻訳を勧めていただいた鈴木主税氏、編集にあたられた草思社の藤田博・橋口砂子両氏に心から感謝申しあげる。

一九九五年九月二〇日

垂水雄二

文庫版あとがき

この本の原著および日本語訳が出版されたのは、一九九五年だから、今から二〇年近く前ということになる。原著のジャケット・カヴァーのドーキンスを見てもまだ若々しい。いまやドーキンスは七〇歳をとうに越え、同い年の好敵手だったスティーヴン・ジェイ・グールドも鬼籍に入った。

これだけの年月を隔てていながらも、今回、文庫化にあたって読み直してみて、その鮮やかなレトリックと、内容がまったく古びていないことに改めて感心した。もちろん、本書が書かれた時点ではヒトゲノム計画は始まったばかりで、その後の華々しい成果はまだ知られていなかった。それゆえ、本書で取り上げられている具体的な事例は最新のものとはいえないが、その論旨はいささかも変更を必要としない。むしろ、その後の研究はさらに補強証拠を積み重ねていると言える。分子遺伝学の最新の発展については、多数の啓蒙書が出版されている。そうした最新情報を取り込んだドーキンス自身の著作としては『祖先の物語』（小学館）や『進化の存在証明』（早川書房）があるので、関心がある人は読んでいただきたい。ゲノム解析の成果によって、動物の系統樹が劇的に書き改められたことや、遺伝子発現の複雑なメカニズムがしだいに明らかになっていることがわかるはずだ。

内容が古びていないというのは、ネオダーウィン主義の考え方をより一般的な読者に向けて説くという本書の基本的な性格のゆえである。『利己的な遺伝子』（紀伊國屋書店）そのものは世界的な大ベストセラーとなり、初版出版から四〇年近くなる現在でも売れつづけていて、古典としての確固たる地位を築いている。しかし、その本意がどれだけ理解されているかについてはおおいに疑問がある。彼の狙いはダーウィンの進化論をより現代的な視点、つまり個体や群（グループ）の進化ではなく、遺伝子の進化として論じることを目指すものだった。ドーキンスはダーウィンの進化論を現代的な知見にもとづいて装いを新たにしたネオダーウィン主義として、世間に向かってひろめようとしていたのである。

しかし残念なことに、「利己的な遺伝子」という言葉がこれだけひろく認知されるようになったにもかかわらず、科学者のあいだはともかく、大衆のあいだでは、ダーウィンが提唱し、ドーキンスがより先鋭的な形でひろめようとした進化のメカニズムはかならずしも受け入れられていない。とくに米国ではそうで、各種の世論調査では国民の七割近くが、聖書の記述を信じて創造説を奉じ、進化論を認めていない。したがって、いまなお進化論の唱道が必要なのである。ドーキンスは『利己的な遺伝子』以来、この『遺伝子の川』を含めて、多数の著作を通じて、叫びつづけているわけだが、一向に事態が改善される気配がない。いまなお同じ叫びが意義を失わず、ドーキンスの言論が古びないのは、状況が本質的に変わっていないことの裏返しでもある。

＊

つい先頃、ドーキンスの自伝の第一巻を翻訳する機会を与えられた（本年中に早川書房より刊行予定）。それによって知り得たことがいくつかある。本書とのかかわりでいえば、献辞されている叔父のコリアー・ドーキンスは、オクスフォード大学の林学の教授として、生物統計学を講じていた人物である。ドーキンスによれば、コリアーは学問に対する考え方でもっとも影響を受けた身近な存在だった。研究上の必要からデータ処理の統計学的方法についてこの叔父に相談にいったところ、コンピュータ・プログラミングを学ぶべきだと勧められた。以来ドーキンスは四〇年間にわたってコンピュータ・プログラミング中毒になり、黎明期のコンピュータの発展に寄り添いながら、ギークと呼ばれてもいいような生活を送り、自分でプログラミング言語をいくつか開発さえしている。本書にもコンピュータ関連の比喩を用いた表現が随所に見られるが、まさに実体験にもとづいているのである。ただプログラミングに熱中したことで数学が得意だという噂が立てられていることについては否定し、自分にはメイナード・スミスのような数学の才能はなく、数式によるよりも散文で考える方が得意なのだと語っている。

また「自己複製爆弾」の章で簡単に触れられている「ミーム」という概念については、あれを考案した意図は、自己複製子がDNAだけではないことを具体的に示すことであって、ミーム概念によって本格的に人類文化を論じるつもりはなかったと書いている。それゆえダニエル・デネットやスーザン・ブラックモア（『ミーム・マシーンとしての私』草思社）が文化論として発展させてくれたことは嬉しかったと述べている。

＊

文庫化にあたって、原則として訳文はいじらず、不適切な表現や明らかな誤記を訂正するにとどめたが、表記はいくつか変更した。なかでも大きな変更はディジタルをデジタルに変えたことである。発音表記としてはディジタルが正しく、文科省のディジタル技術検定などのような公式名称も残っていれば、電子情報学ではディジタル信号処理といった表記がいまでも使われている。しかし、近年ではほとんどの媒体でデジタルが使われ、デジカメといった短縮表現さえ流布している。いってみれば、ディジタルは日本語ミームとしてデジタルとの生存競争で圧倒的に打ち負かされてしまっているのだ。そこで、文庫化を機会に、敗北を認めてデジタルに変更することにし、それに連動して「ディジタル・リヴァー」も「デジタルの川」に変えた。ご理解をいただければ、幸いである。

二〇一四年一月

垂水雄二

＊本書は、一九九五年に当社より刊行した著作を文庫化したものです。

草思社文庫

遺伝子の川

2014年4月8日　第1刷発行
2019年7月24日　第2刷発行

著　者　リチャード・ドーキンス

訳　者　垂水雄二

発行者　藤田 博

発行所　株式会社 草思社

〒160-0022　東京都新宿区新宿1-10-1
電話　03(4580)7680(編集)
03(4580)7676(営業)
http://www.soshisha.com/

本文組版　有限会社 一企画

印刷所　中央精版印刷 株式会社

製本所　加藤製本 株式会社

本体表紙デザイン　間村俊一

ISBN978-4-7942-2043-1　Printed in Japan

草思社文庫既刊

生命40億年全史（上・下）

リチャード・フォーティ　渡辺政隆＝訳

地球は宇宙の塵から始まった。地獄釜のような地で塵から生命が生まれ、豊穣の海で進化を重ね、陸地に上がるまで――。40億年前の遙かなる地球の姿を大英自然史博物館の古生物学者が語り尽くす。

タイムマシンのつくりかた

ポール・デイヴィス　林 一＝訳

時間とは何か、「いま」とは何か？　理論物理学者がアインシュタインからホーキングまでの現代物理学理論を駆使して「もっとも現実的なタイムマシンのつくりかた」を紹介。現代物理学の最先端がわかる一冊。

ファストフードが世界を食いつくす

エリック・シュローサー　楡井浩一＝訳

世界を席巻するファストフード産業の背後には、巨大化した食品メーカー、農畜産業の利益優先の論理がはびこっている。環境と人々の健康を害し、自営農民や労働者、文化を蝕むアメリカの食の実態を暴く。

草思社文庫既刊

銃・病原菌・鉄（上・下）

ジャレド・ダイアモンド　倉骨　彰＝訳

なぜ、アメリカ先住民は旧大陸を征服できなかったのか。現在の世界に広がる〝格差〟を生み出したのは何だったのか。人類の歴史に隠された壮大な謎を、最新科学による研究成果をもとに解き明かす。

文明崩壊（上・下）

ジャレド・ダイアモンド　楡井浩一＝訳

繁栄を極めた文明はなぜ消滅したのか。古代マヤ文明やイースター島、北米アナサジ文明などのケースを解析、社会発展と環境負荷との相関関係から「崩壊の法則」を導き出す。現代世界への警告の書。

人間の性はなぜ奇妙に進化したのか

ジャレド・ダイアモンド　長谷川寿一＝訳

まわりから隠れてセックスそのものを楽しむ――これって人間だけだった⁉　ヒトの性は動物と比べて実に奇妙である。動物の性と対比しながら、人間の奇妙なセクシャリティの進化を解き明かす、性の謎解き本。